Wittek

Stallmeisters Hausapotheke

KOSMOS

Inhalt

Die Haut / Das Fell

Der Kopf

Allgemeine Beschwerden

Service

Was unsere Pferde gesund erhält

1895 schrieb Graf von Wrangel in „Das Buch vom Pferde“:

„Die Natur heilt durch stillen, unablässigen Gebrauch ihrer Kraft. Ihre Medizinen sind Luft, Futter, Wärme, Wasser und Schlaf, deren Anwendungen vom Instinkt vorgeschrieben werden. Der beste Arzt ist daher der Mann, welcher den Gesetzen der Natur die größte Beachtung schenkt. Würden diese einfachen Wahrheiten nicht so oft bei der Behandlung kranker Tiere außer Acht gelassen, bliebe den Pferdebesitzern mancher schwer zu verschmerzende Verlust erspart.“

Manche Pferde und Ponys werden uralt, andere hingegen sterben viel zu früh oder sind schon in jungen Jahren ständig krank. Sicher gibt es hierfür auch eine genetische Erklärung und leider auch viele Unfälle, aber es wäre zu einfach, lediglich hier die Ursachen zu suchen.

Pferde sind Herdentiere, die im Gegensatz zu beispielsweise Katzen sehr viel Bewegung brauchen. Um gesunde, ausgeglichene, fröhliche Gefährten zu haben, müssen wir Menschen für möglichst ideale Bedingungen sorgen: Luft, Sonne, Wind, Regen,

Pferde brauchen Luft, Sonne, Wind, Regen und ausreichend Bewegung.

ausreichend Bewegung, optimales Futter mit natürlichen Kräutern und die Gesellschaft von Artgenossen sind nur einige wichtige Komponenten, die dem Wohlbefinden und der Gesundheit der Pferde zuträglich sind. Es grenzt an Grausamkeit, Herdentiere in Isolation und Einzelhaft zu halten. Ein Schaf oder eine Ziege sind zwar lustig für die Menschen, aber kein Ersatz für ein Pferd oder Pony.

Wir Pferdemenschen haben leider immer weniger Zeit und sind manchmal froh, wenn wir uns am Tag eine Stunde Reiten gönnen können. Für das Lauftier Pferd ist eine Stunde Bewegung - und das noch mit Sattel und Reiter - kein Ausgleich für 23 Stunden Boxenruhe. Je weniger Zeit wir für unseren vierbeinigen Freund haben, desto mehr andere Beschäftigung und Abwechslung sollte er genießen können, um schädlichen Angewohnheiten, wie beispielsweise dem Weben, vorzubeugen. Offenställe oder große Boxen mit zusätzlichem Auslauf müssten die Basisbedingungen für jede Pferdehaltung sein. Artgenossen sollten wenigstens nebenan sichtbar und erreichbar, besser noch mit direktem Kontakt zum Fellchenkraulen, sein. Nicht jeder Reiter kann sein Pferd mit in den Garten nehmen, er sollte sich aber Gedanken machen, in welchem Stall es optimal untergebracht ist. Auswahlkriterien für den passenden Stall sollten nicht in erster Linie die Erfüllung von Reiterbedingungen, wie einem netten Kasino oder einem trockenen Übergang von der Stallgasse zur Halle sein, sondern vielmehr muss beachtet werden, wie viel Auslaufmöglichkeiten dem Pferd zur Verfügung stehen und wie es um die Futterqualität (schimmelige Silage, großes Silo), die Futterausgewogenheit (Rau-, Kraft-, und Saftfutter) und die Regelmäßigkeit der Füt-

Pferde, die regelmäßig auf der Weide sind, wissen welches Kraut sie brauchen.

Tägliche Bewegung bringt ausgeglichene Vierbeiner, mit denen der Austritt Freude macht.

terung (nicht zu lange Perioden zwischen den Mahlzeiten) bestellt ist. Es ist nicht so wichtig, wie oft die Stallgasse gefegt wird und dass jede Spinnwebe entfernt wird, sondern wie häufig und gründlich gemistet wird und wie die Qualität der Einstreu ist.

Viele Dinge, die ich heute über Haltung und Pflege weiß, haben mich meine Pferde gelehrt. Beobachten Sie Wildpferde – beispielsweise im münsterländischen Dülmen – oder einfach nur eine kleine Pferdegemeinschaft, die im Offenstall mit freiem Weidezugang gehalten wird und schaffen Sie Ihrem Kameraden ähnliche Bedingungen.

Ich hatte das Glück, durchaus nach einigen Fehlversuchen, die ich heute aber als wichtige Lernschritte verbuche, mir einen nahezu optimalen Stall zu bauen: Einen großen, hellen, luftigen Offenstall mit Sandauslauf (16 × 30 m) und 4 ha angrenzender Weide. Vor dem Stall wurde ein großes Stück gepflastert, um den Pferden auch im Herbst und Winter eine matschfreie Zone zu bieten. Hier wohnten jahrelang unsere Shettystute Polly, bekannt aus meinen bisher erschienenen Büchern, meine Vollblutaraberstute Kaitra, zeitweise Isländerwallach Blesi, die westfälische Kaltblutstute Alma und immer mal wieder weitere Besucher unterschiedlicher Rassen. Die Idylle wurde vervollständigt durch Zwergziege Rosi, Erpel Oskar, Graugans Linda, Ente Frieda, einigem Zwerghühnervolk und dem ein oder anderen Zwergkaninchen. Sie haben sich alle prächtig verstanden, hatten Platz und wurden artgerecht gehalten.

Auf die oft gestellte Frage, warum alle meine Tiere so alt werden, kann ich nur antworten: „Ich denke, sie sind einfach glücklich."

Kaitra mit mir, zwei ältere Damen, die in Erinnerungen an tolle Ritte schwelgen.

Polly hat uns vor dem letzten harten Winter im Alter von über 40 Jahren verlassen. Sie wollte nicht mehr. Bis zum letzten Tag stand sie in der wunderschönen Herbstsonne auf ihrer Wiese. Zwei Tage nach ihrem Tod kam ein eiskalter Winter mit viel Frost und Schnee.

Meine Kaitra habe ich zweijährig bekommen. Ein hysterisches Nervenbündel mit schlechten Manieren. Sie kam aus Boxenhaltung und ich musste sie leider zunächst auch in eine Box stellen. Es war furchtbar. Sie rannte in der Box nur hin und her. Ließ ich sie auf die Weide, war es nicht viel besser. Dazu bekam sie eine Bronchitis mit anschließender Heuallergie und ich wusste, mein Pferd ist unglücklich. Auf dem Nachbarhof konnte ich einen alten Pferdestall mit Weide pachten. Ich kaufte unsere Polly, die völlig überraschend drei

Das weise Gesicht unserer alten Polly

Polly und Kaitra, meine zwei Oldies

Wochen später ein Fohlen bekam. Ich stellte trotz aller Warnungen der „Experten“ den gefährlichen Araber und das Pony gemeinsam auf die Weide und hatte von Stund an zwei ausgeglichene, glückliche Pferde, die 26 Jahre zusammenblieben. Sicherlich gibt es viele unterschiedliche Meinungen, wie die optimale Pferdehaltung sein sollte. Aber eins ist sicher: Wer seinen vierbeinigen Freund oder Sportpartner wirklich liebt und respektiert, stellt ihn nicht in eine enge Box ohne Auslauf und hält ihn auch nicht alleine hinterm Haus. Weil eben eine Meinung nicht die allein seligmachende ist, versuche ich in diesem Buch auch viele Tipps von „alten Pferdemenschen“ aufzuzeichnen. Gemischt mit neuen Erkenntnissen und meinen ganz persönlichen Erfahrungen. Vielleicht hilft es auch Ihnen, dass gesunde, fitte und fröhliche Pferde sehr lange Ihr Leben begleiten.

Mein erstes eigenes Pferd war ein kleiner ungarischer Halbblüter, der mit einem großen Transporter aus dem Osten kam und bei einem Händler in Essen stand. Ich wollte nach jahrelanger Schulbetriebserfahrung und Reitbeteiligungen endlich ein eigenes Pferd. Es durfte nicht viel kosten und der Weg über einen Pferdehändler war damals günstiger, als direkt beim Züchter ein Pferd zu kaufen. Ich verliebte mich auf der Stelle gegen jede Vernunft in den kleinen Braunen, der – vorsichtig formuliert – noch nicht sehr gut geritten war. Der Händler versprach mir aber, das Pferd jederzeit gegen ein anderes umtauschen zu können. Die ungarische Herkunft des Pferdes lies mich seinen Namen finden und so nannte ich den kleinen wuscheligen Wallach Janosch. Bereits nach drei Tagen schmiss er mich so heftig runter, dass ich drei Wochen nicht sitzen konnte. In diesen drei Wochen buckelte er noch etliche mutige Reiter runter. Von allen Seiten bekam ich den guten Rat: ‚Umtauschen! Und zwar sofort!' Für mich ist ein Pferd aber noch nie ein Tauschobjekt gewesen und so blieb Joschi bei mir. Die wohl schönsten Ritte und Jagden verdanke ich ihm. Leider starb er mit sechzehn an einer schweren Kolik.

Ich habe unglaublich viel von Joschi gelernt. Meine ganze freie Zeit verbrachte ich mit meinem ersten Pferd. Durch viel Weidegang mit Artgenossen, lange Spaziergänge und Zuwendung ohne Ende, bekam ich ein traumhaftes, zuverlässiges Geländepferd. Er gab mir den Mut, Jagden zu reiten. Ich war immer ein eher vorsichtiger Reiter und Springen gehörte nie zu meinen Leidenschaften. Und wir entdeckten eine damals noch neue Disziplin: das Wanderreiten. Es gab noch keine Wanderreitstationen als wir 1970 – drei Pferde, zwei Frauen und ein 13-jähriges Mädchen – von Düsseldorf ins tiefe Sauerland geritten sind. Dieses Erlebnis, 24 Stunden am Tag mit dem Pferd in der Natur zu verbringen, war ein Traum. Wen einmal das Wanderreitfieber gepackt hat, den wird es nicht mehr loslassen. Pferd und Reiter wachsen zusammen und sind aufeinander angewiesen. Es entsteht eine völlig neue Vertrauensbasis, die man nicht wieder missen möchte und als Reiter wird man für die

Unsere alte Polly. Ihr weißes Gesicht zeigt das hohe Alter.

Dieses Team passt zusammen und ist zufrieden und ausgeglichen.

Mein erstes Pferd Joschi

Bedürfnisse seines Pferdes sensibilisiert. Zu den unterschiedlichsten Zeiten die Natur erleben ist für mich Erholung pur und ersetzt jeden anderen Urlaub.

Die Freude und Erholung, die mir meine Pferde und Ponys bereiteten, brachten mich auch auf die Idee, mich mit der Gesundheitsvorsorge zu beschäftigen. Nur wirklich gesunde Tiere können geritten werden. Und die genaue Beobachtung ihres Verhaltens in der Box, auf der Weide und bei der Arbeit lassen uns ein Unwohlsein schnell erkennen und schlimmere Krankheiten oftmals vermeiden. Haltung,

Für Pferdemenschen ein Traumbild: eine ganze Herde grasender Vierbeiner.

Zwei, die sich gut verstehen: Begrüßung über den Zaun.

Fütterung und Bewegung sind die Grundlage. Besondere Zusätze, wie Kräuter, Tees, homöopathische Mittel, Schüßler-Salze, Wasseranwendungen und Massagen oder TTOUCH, können manche Krankheit im Vorfeld verhindern. Überlegen Sie, was Ihr vierbeiniger Freund gerade braucht und nehmen Sie sich die Zeit, einige dieser Maßnahmen regelmäßig anzuwenden. Es ist nie zu spät, mit der Vorsorge zu beginnen.

Alle, die wir mit dem Pferdevirus infiziert sind, haben wir zwar gemeinsam die Liebe zu unseren Vierbeinern, aber unterschiedliche Bedürfnisse. Vom ‚ab und zu mal spazieren reiten' bis hin zum Sport mit zum Teil sehr hohen Anforderungen an Pferd und Reiter. Für alle ist es gleich wichtig, dass das Pferd gesund ist und sich wohl fühlt. Je ausgeglichener ein Tier ist, desto mehr macht auch die Arbeit und der Umgang mit ihm Freude. Darum ist jeder Pferdebesitzer, Pfleger und Reiter verpflichtet, sich um seinen vierbeinigen Freund zu kümmern und bei Unwohlsein und Krankheit sofort zu helfen. Je früher wir eine Veränderung im Verhalten oder beim Reiten bemerken, desto einfacher sind auch die Maßnahmen, es wieder zu regulieren. Die Erfahrungen und Ratschläge der „alten" Stallmeister und Pferdekenner können hierbei sehr hilfreich sein. Ich hoffe, meine Tipps und Erklärungen lassen den Umgang und das Zusammensein mit Ihrem Pferd oder Pony einfacher, unbeschwerter und noch glücklicher werden.

Entspannt und zufrieden nach einem frischen Morgenritt

Freude und Erholung in der Natur

Die Atemwege

Husten

Wer kennt das nicht: Spätestens in jedem Winter hört man in irgendeiner Ecke des Stalls ein Pferd husten. Husten ist ein Symptom für viele Erkrankungen der Atemwege. Hat er sich erstmal eingenistet, sollte unbedingt mit dem Tierarzt die Ursache und Behandlung abgeklärt werden. Vorbeugend aber hat jeder Pferdehalter die Möglichkeit, dem Husten den Einzug in den Stall so schwer wie möglich zu machen. Auch hier ist neben einer ausreichenden Stallbe- und -entlüftung wieder die optimale und artgerechte Haltung ein großer Schritt in Richtung Gesundheit.

Komponenten, die bereits vorbeugend gegen eine Hustenerkrankung wirken, sind unter anderem viel frische Luft, Auslauf, Weide, genügend Bewegung, staubfreies Heu und Kraftfutter, das eventuell angefeuchtet werden sollte. In einigen Fällen kann auch Heulage eine gute Alternative sein. Ist Stroh als ein Mitauslöser für die Hustenerkrankung des Pferdes verantwortlich, sollte zumindest für eine Übergangszeit auf Späne umgestellt werden.

Das Misten und Fegen des Stalls sollte auf die Zeiten verlegt werden, in denen die Pferde draußen sind, um eine zusätzliche Belastung der Atemwege durch vermehrte Staubentwicklung weitestgehend zu vermeiden. In besonders trockenen Zeiten, wenn Platz und Halle sehr staubig sind und die Möglichkeit einer regelmäßigen Bewässerung der Reitplätze nicht gegeben ist, empfiehlt es sich, im Gelände oder auf der Wiese zu reiten.

Machen Sie sich die Mühe und lassen Sie Ihr Pferd inhalieren. Die warmen Kräuterdämpfe sind eine Wohltat für die Atemwege und lösen auch hartnäckige Verschleimungen. Ist Ihr Pferd fieberfrei, gehört unbedingt tägliche leichte Bewe-

Jeder Husten sollte von einem Fachmann abgeklärt werden.

gung zur Therapie, natürlich in staubfreier Umgebung möglichst im Wald (Gelände). Wichtig ist jedoch, dass das Pferd hierbei nicht ins Schwitzen und Pumpen kommt, um den geschwächten Organismus nicht zusätzlich zu beanspruchen. Schritt am langen Zügel im Gelände ist eine hervorragende Therapie für Körper und Seele von Pferd und Reiter. Bei schweren Hustenerkrankungen sollten Sie aber unbedingt mit dem behandelnden Tierarzt das Bewegungspensum des Pferdes absprechen, damit sie es nicht überfordern.

Ich gehe in solchen Fällen viel zu Fuß mit meinen Ponys durch den Wald spazieren. Das fördert – auch meine eigene – Kondition und den Kontakt zwischen Mensch und Tier.

Zu jeder Jahreszeit können Kräuter zugefüttert werden. Bei Hustengefahr ist es noch effektiver, wenn man diese als Tee über das Kraftfutter gibt.

Mit etwas Fenchelhonig angereichert, werden Ihre Pferde jeden Tee lieben. Noch besser als Einzelgaben sind Kräutermischungen. Natürliche Mittel brauchen mehr Zeit als Chemie, sind aber auch nachhaltiger. Trotzdem kann man die Kräuter- und Teemischungen alle sechs bis acht Wochen wechseln.

Auch homöopathisch gibt es vielfältige Möglichkeiten, die tierärztliche Behandlung zu unterstützen. Besonders im Anfangsstadium habe ich mit Drosera D3 gute Erfahrungen gemacht. Und auch die Bach-Blüte Beech kann den Heilungsprozess unterstützen. Ein ausgezeichnetes Kombimittel ist ‚Husteel' (von Heel). Auch Bryonia D4 (Tropfen von Weleda), Ipecacuanha D6 (bei Husten mit Nase am Boden), Hepar Sulfuris hilft, Schleim abzuhusten.

Die erste Frage bei Husten sollte immer lauten: Warum hustet mein Pferd? Erst dann können in Zusammenarbeit mit dem Tierarzt die entsprechenden Maßnahmen getroffen werden. Jede Erkrankung der Atemwege muss vollständig auskuriert

Lange Spaziergänge bei jedem Wetter sind die beste Gesundheitsvorsorge für Pferd und Reiter.

werden. Anderenfalls sind Spätschäden vorprogrammiert. Neben Luft, Weide und einem staubfreien Umfeld, hat sich ein Klimawechsel bewährt. Ideal im Sommer ist natürlich das pollen- und fast fliegenfreie Nordseeklima für einige Wochen oder auch Monate. Hier sind schon schwerkranke Pferde wieder gesund geworden. Ich war häufig in den Sommerferien mit unseren Pferden an der See. Nach dem Aufenthalt waren sie wirklich wieder fit und gut erholt und gewappnet für das weniger optimale Klima im Rheinland. Sollte ein Umzug an die See nicht möglich sein,

Bewährte Hustenkräuter sind:

- Huflattich
- Fenchel
- Anis
- Süßholz
- Thymian
- Schafgarbe
- Salbei
- Isländisch Moos
- Hagebutte
- Eibisch
- Spitzwegerich

Ein leckerer Hustentee wird von jedem Pferd oder Pony immer gerne geschlabbert.

Ein krankes, hustendes Pferd braucht Ruhe, frische Luft und viel Zuwendung.

empfiehlt sich auch manchmal ein Stallwechsel in eine Anlage mit besseren Bedingungen. Vor sechs Jahren bin ich mit meinen Oldies vom oft sehr heißen Rheinland ins Sauerland gezogen. Ich war selbst erstaunt, wie gut sie den Umzug in ihrem hohen Alter überstanden haben. Immerhin war Ponydame Polly zu dieser Zeit bereits Ende dreißig. Das raue aber gesündere Waldklima hat sehr viel zu ihrem Wohlbefinden beigetragen.
Kennen Sie die Schüßler-Salze? Schon als meine Kinder noch sehr klein waren, habe ich von einer Homöopathin diese Mineralsalze bekommen und gute Erfahrungen damit gemacht. Sie sind leicht anzuwenden und als zusätzliche Maßnahme bei vielen Krankheitsbildern zu empfehlen. Um das Hustenproblem zu verbessern, Tipps von Gisa Bührer-Lucke aus dem Buch „Schüßler-Salze für Pferde" im Kasten auf S.23 oben.
Bitte beachten, wie sich der Husten anhört und ob er vermehrt in Ruhe oder Bewegung auftritt. Das ist eine wichtige Information für den Behandler.

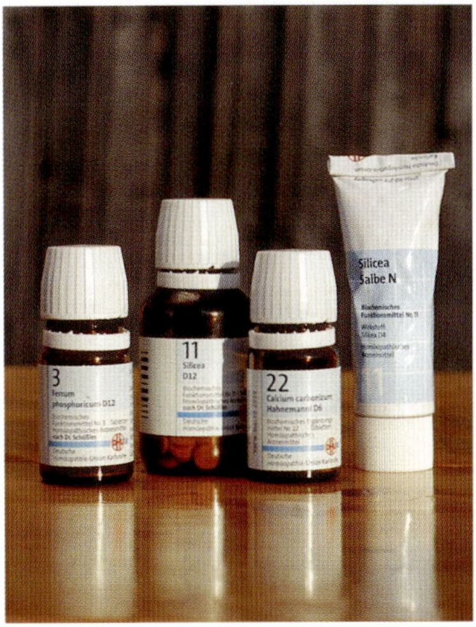

Schüßler-Salze sollten in keiner Stall-apotheke fehlen und helfen auch gegen Husten.

Schüßler-Salze gegen Husten

- Zum Abhusten: Salz Nr. 1 / D12
- Bellender Husten: Salz Nr. 2 / D6
- Trockener Husten: Salz Nr. 4 / D6
  Salz Nr. 6 / D6.

Frische Seeluft im Sommer ist ideal gegen Husten.

Dämpfigkeit

Die Dämpfigkeit gehört zu den sogenannten Gewährsmängeln des Pferdes. Schon in § 1 der Kaiserlichen Verordnung heißt es unter anderem:

„Als Dämpfigkeit ist anzusehen, die Atembeschwerde, die durch einen chronischen unheilbaren Krankheitszustand der Lunge oder des Herzens bewirkt wird."

Eine chronische Bronchitis allein kann, wenn sie entsprechend weit fortgeschritten ist, schon zu Atembeschwerden führen. Häufig ist jedoch ein Lungenemphysem die Ursache der Atemnot. Die Lungenbläschen platzen, dadurch wird die Atemfläche kleiner. Die eingeatmete Luft kann nicht mehr vollständig ausgestoßen werden und die Muskulatur der Bauchwand wird zur Hilfe genommen.

Deutlich sichtbar wird die so genannte Dampfrinne an der seitlichen Bauchwand. Die Pferde haben einen starken trockenen Husten. Stark dämpfige Pferde sollten nicht geritten werden, denn dieses Leiden gilt als unheilbar und es würde sicher Tierquälerei bedeuten.
Damit es erst gar nicht zur Dämpfigkeit kommt, sollte im Vorfeld gehandelt werden. Wie schon gesagt, jeder Husten eines Pferdes muss auskuriert werden. Ist er schon in eine Bronchitis übergegangen, droht immer die Dämpfigkeit. Chronische Bronchitis und Asthmabronchiale müssen intensiv behandelt werden. Hilft der Reiter mit und schöpft alle Möglichkeiten der Unterstützung aus, gibt es eine reelle Chance, das Pferd oder Pony wieder reitbar zu bekommen und ihm seine Le-

bensfreude zurückzugeben. Neben der veterinärmedizinischen Behandlung sind alle Maßnahmen, die auch beim Husten beachtet werden müssen, notwendig: offene Boxen, Weide, staubfreie Einstreu, feuchtes Futter, nasses Heu. Ein Klimawechsel ist hier oft das einzige Mittel, das den Durchbruch bringt. Regelmäßiges Inhalieren und Hustentee schaffen Erleichterung. Es gibt wirklich jede Menge Kräuter, die positiv auf die Atemwege wirken. Als Pferdemensch muss ich mein Tier beobachten und merke dann, welches Kraut bei ihm besonders gut anschlägt.

Ergänzende Hustenkräuter

- Beinwell
- Kamille
- Sonnenhut

Offenstall, Weide, Bewegung, Kräuter und gutes Futter können vor Dämpfigkeit bewahren.

Gesunde Pferde sind aufmerksam und an ihrer Umwelt interessiert.

Es gibt so viele Möglichkeiten, die man im Ernstfall einfach mal testen sollte. Anfang 2007 habe ich einen Reiterurlaub in Tirol gemacht. Die Inhaberin war Pferdenärrin wie ich und wir erkannten schnell unsere Seelenverwandtschaft als Kräuterhexen. Bei einem guten Schoppen tauschten wir allabendlich unsere Erfahrungen aus. Es war erstaunlich, welchen Erfolg sie mit der Urintherapie hatte. Es ist mir bekannt, dass Urin bei vielen Wehwehchen helfen kann. Ich habe meinen Kindern bei starker Angina auch schon Orangensaft mit Eigenurin verabreicht. Längere Experimente scheiterten jedoch an ihrem Widerstand. Meine Bekannte erzählte mir von einem Pferd mit starker Lungenentzündung. Der Tierarzt war schon ziemlich verzweifelt, weil seine Therapie nicht den gewünschten Erfolg brachte. Sie verabreichten dem Tier regelmäßig Eigenurin und schon nach kurzer Zeit ging es dem Pferd besser. Es ist sicher eine gute Methode und ein Versuch lohnt sich. Ich denke gerade bei chronischen Fällen, wie Bronchitis oder Dämpfigkeit, sollte man nichts unversucht lassen, um seinem Pferd zu helfen.

Dämpfigkeit wird homöopathisch nach den Symptomen behandelt. Man sollte auch immer an ein passendes Mittel zur Unterstützung des Herzens denken. Das ist für den kleinen Kreislauf (Herz-Lunge) sehr wichtig. Auf Dauer bringt eine ho-

Huflattich gehört zu den ersten Frühlingsblüten. Er enthält wertvolle Gerbstoffe und Mineralsalze.

möopathische Behandlung sicher mehr als Ventipulmin.

Übrigens hatte sie auch erstaunliche Erfolge mit dem Eigenurin bei Hautkrankheiten wie Ekzemen, schlecht heilenden Wunden und kleinen Verletzungen. Probieren Sie es aus. Geduld gehört sicher dazu, den Urin aufzufangen. Aber wer mit Pferden arbeitet, kann Geduldsübungen mit Sicherheit gut gebrauchen. Es gibt immer wieder neue Erkenntnisse und Möglichkeiten, Atemwegserkrankungen zu behandeln. Sie gehören leider mit zu den häufigsten gesundheitlichen Störungen bei Pferden.

Ein Freund von mir hat in der Zeitschrift „Freizeit im Sattel" einen Artikel über kolloidales Silber gelesen. Einer seiner Araber, den ich auch sehr gerne reite, hat seit Jahren immer wieder Nasenausfluss. Und auch bei stärkerer Belastung deutliche Atemgeräusche. Sein zweiter, älterer Araber, ist bei gleichem Training und gleicher Belastung deutlich leistungsstärker. Er probierte zehn Tage die Gabe von kolloidalem Silber und der Erfolg war verblüffend. ‚Zaschid' lief völlig beschwerdefrei. Kein Nasenausfluss, keine Atemgeräusche, auch bei stärkerer Belastung.

Kolloidales Silber wirkt wie ein Breitspektrum-Antibiotikum. Es tötet Bakterien, Pilze und Viren. Es soll die Histaminausschüttung bei allergischen Prozessen unterdrücken. Das Mittel stärkt das Immunsytem und bei Dämpfigkeit ist es

Hustende Tiere sollten das Heu angefeuchtet oder im Heusack angeboten bekommen.

garantiert eine Möglichkeit, die man zur Behandlung in Betracht ziehen sollte.

Kolloidales Silber gilt als Naturheilmittel für den eigenen Gebrauch. Man kann es in der Apotheke und dem Reformhaus beziehen. Mit einem erworbenen Gerät lässt es sich jahrelang selbst herstellen. Wir machen zur Zeit einen Versuch bei unserer Katze, die seit Jahren an Schnupfen leidet und schließlich eine schwere Ottitis media und Ottitis interna bekam.

Der Magen-Darm Bereich

Kolik

Kolik ist der Sammelbegriff für unterschiedliche Magen-Darmstörungen beim Pferd. Meist sind die Ursachen Wurmbefall oder Verabreichen von falschem Futter. Zeigt ein Pferd einige der typischen Symptome, wie Kopf zum Bauch wenden, an den Rumpf treten, Hinlegen, Schweißausbrüche oder Appetitlosigkeit, sollte sofort der Tierarzt gerufen werden. Ist eine Pferdeklinik in der Nähe: möglichst schnell hinfahren.

Jeder Pferdebesitzer kennt diese unterschwellige Angst vor Kolik. Erkrankt im Stall ein Tier daran, wird das eigene Pferd noch intensiver beobachtet, das Futter untersucht und nach der Ursache gefahndet. Es gibt unterschiedliche Kolikarten und zahlreiche Ursachen. Sie reichen von Wetterwechsel, psychischem Stress, Futterumstellung bei Beginn der Weidezeit, zu viel Kraftfutter, Wurmbefall, bis hin zum Fellwechsel.

Eine Kolik bedeutet leider immer auch Lebensgefahr und darum muss so schnell wie möglich tierärztliche Hilfe in Anspruch genommen werden.

In der Wartezeit sollte man das Pferd warm eindecken, den Leib massieren und ruhig führen. Will das Pferd sich wälzen, sagen erfahrene Pferdeleute: ruhig hinlegen lassen. Die Gefahr einer Darmverschlingung wird hierdurch nicht erhöht. Bis der Arzt eintrifft, kann mit Nux Vomica D6 versucht werden, die Krämpfe zu lindern (alle 15 Min. 15 Tropfen ins Maul geben). Ein entkrampfendes Komplexmittel ist zudem Spascupreel. Auch die Notfalltropfen der Bach-Blüten und evtl. Crataegus beruhigen den Patienten und stabilisieren den meist angegriffenen Kreislauf. Sollten die tierärztlichen Maßnahmen nicht binnen zwei bis drei Stunden eine Besserung bringen, ist es durchaus ratsam, in eine Pferdeklinik zu fahren.

Ist die Kolik überstanden, braucht man einen sehr guten Futterplan. Das Pferd muss langsam wieder an eine regelmäßige Nahrungsaufnahme gewöhnt werden. Bewährt hat sich Mash, eventuell angereichert mit speziellem Öl, in kleinen Portionen vier bis fünfmal über den Tag verteilt. Zusätzlich sollte das Pferd zur optimalen Futterkontrolle auf Späne gestellt werden und qualitativ hochwertiges Heu gefüttert werden. Dass stets frisches Wasser verfügbar sein muss, ist selbstverständlich.

Auch bei der Koliknachsorge ist es zu empfehlen, über einen längeren Zeitraum Tee zu verabreichen. Anis-Fenchel-Kümmeltee oder auch Eibisch, Kamille, Süßholz, Löwenzahn und Pfefferminze. Die Kräuter, zusammen mit dem warmen Mash verfüttert, werden immer gerne geschlabbert, auch wenn die Krankheit überstanden ist. Wer erinnert sich nicht daran, bei eigenem Unwohlsein mit leckerem Brei, Tee und viel Zuwendung als Kind verwöhnt worden zu sein. Überhaupt Zuwendung!! Ich habe immer festgestellt, dass meine Pferde mich bei Krankheit wirklich brauchten. Oft habe ich jegliche anderweitige Verpflichtungen abgesagt und Stunden im Stall verbracht. Unsere Sport- und Freizeitgefährten sind auf uns angewiesen. Wir genießen die schönen Momente mit ihnen und sollten bei Krankheit für sie da sein.

Bei Pferden, die eine Anfälligkeit für Kolik zeigen, ist es wichtig, mit einem erfahrenen Therapeuten die genaue Fütterung und Haltung (Weide) abzusprechen. Meh-

Typische Haltung bei Kolik: Das Pferd wendet sich dem schmerzenden Bauch zu.

Wenn der Kreislauf stabil ist, sollte man mit dem Pferd spazieren gehen. Das kann entkrampfen.

rere kleine Mahlzeiten sind immer von Vorteil. Regelmäßiges Füttern von Mash wirkt sich zusätzlich positiv auf das Magen-Darmsystem aus. Ausgesuchte Kräuter stabilisieren den Verdauungstrakt und sorgen für eine gesunde Darmflora. Als Nahrungsergänzung hat sich auch Hefe bewährt. Blähungen, Durchfall und Kolikneigung lassen sich durch die Gabe von Hefekulturen nachhaltig verbessern. Präparate mit Milchsäurebakterien werden ebenfalls häufig empfohlen und tragen zur Pflege des Darms bei. Hier können Sie auch selbst aktiv werden, indem Sie einfach Joghurt, Kefir oder Buttermilch zufüttern. Manche Ponys und Pferde lieben die Milchprodukte auf Anhieb, anderen kann man mit Honig das Futter versüßen. Zwei kleine Becher Naturjoghurt am Tag sind absolut ausreichend, um das Wohlbefinden des geliebten Vierbeiners zu verbessern. Aufgekochter Leinsamen als lauwarmer Brei ist ebenfalls ein gutes Magen-Darmmittel. Der Schleim kleidet die Magen-Darmwände regelrecht aus.

Durch Anstoßen entfalten die Samen eine intensivere Wirkung.

Durchfall

Durchfall kann relativ harmlos, aber auch lebensbedrohlich sein. Falschfütterung, Infektionen oder Futtervergiftung sind die häufigsten Ursachen, die zu akutem Durchfall führen. Jeder Reiter, der täglich mit seinem Pferd zu tun hat, beobachtet automatisch die Pferdeäpfel, wenn er in die Box kommt.
Gleichzeitig muss man darauf achten, ob noch Futter im Trog ist. Hat das Pferd nicht gefressen, könnte der Durchfall ernstere Ursachen haben.

Bei Durchfall sollten Sie sofort ein paar Maßnahmen ergreifen. Kontrollieren Sie einige grundlegende Faktoren, um die Ursache schnell beheben zu können: Füttern Sie zu viel Kraftfutter bei zu wenig Rohfaser? Ist die Koppel abgegrast, so dass es zu vermehrter Sandaufnahme kommen kann? Ist es im Frühjahr das junge Weidegras, hat man die Pferde zu lange draußen gelassen?

Das Anweiden muss wirklich langsam geschehen. Bei empfindlichen Pferden sind 10 Minuten ausreichend. Sicher ist es günstig, wenn Sie Ihr Pferd oder Pony vorher schon mal an der Hand mit dem frischen Grün vertraut gemacht haben. Die Tiere sollten außerdem gut satt sein, wenn sie anfangs auf die Wiese kommen. Lassen Sie sie ihre Heumahlzeit im Vorfeld in Ruhe genießen. Auch Nux Vomica D6 und eine Magen-Darm-Kräutermischung als Tee beruhigen den Magen-Darmtrakt. Lässt sich der Durchfall nicht stoppen oder wird er sogar schlimmer, ist immer ein sachkundiger Behandler hinzuzuziehen. Längere Durchfälle, die nicht beachtet werden, können tödlich enden. Ich habe auf diese Weise ein wunderschönes Fohlen von meiner Kaitra verloren. Es war zur Auf-

Wichtig: auch auf der Weide beobachten, ob ein Pferd Durchfall hat, sonst wird er oft zu spät erkannt.

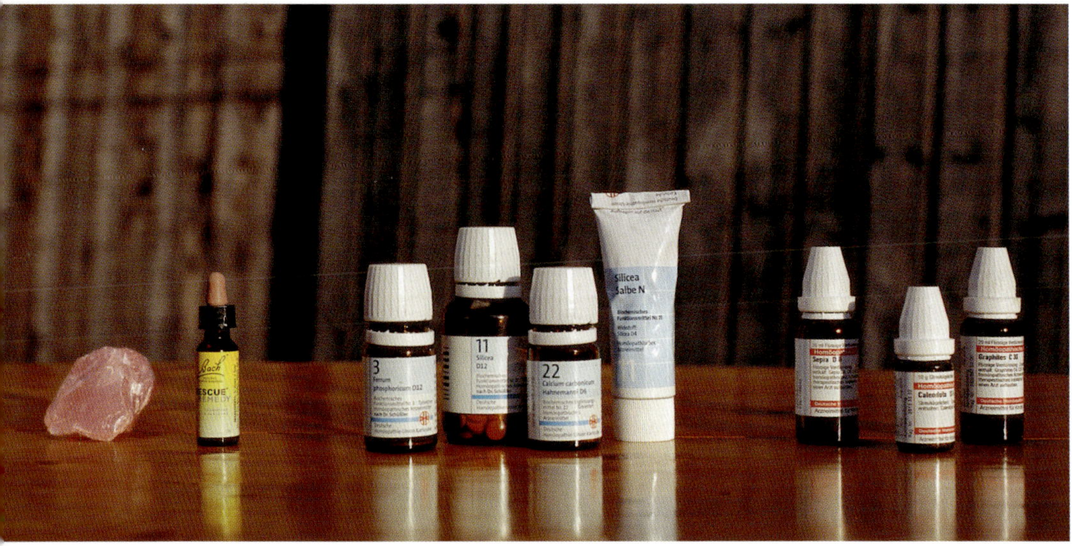

Auch bei Durchfall leistet die Naturheilkunde meistens sehr gute Dienste.

zucht in einer Hengstherde und der Durchfall wurde erst bemerkt als es schon zu spät war. In der Klinik wurde zum Schluss festgestellt, dass das Fohlen eine Salmonellenvergiftung gehabt hatte.

Natürlich gibt es auch Pferde, die bei jeder kleinsten Aufregung mit Durchfall reagieren. Hier ist man mit unseren Nervenmitteln auf der sicheren Seite. Von den Schüßler-Salzen wäre als Sofortmaßnahme Salz Nr. 6 Natrium Chloratum hilfreich.

Wurmbefall kann ebenfalls Durchfälle auslösen. Neben regelmäßigen Wurmkuren, ist Abrotanum D1 das Mittel der Wahl und das Salz Nr. 3 Ferrum Phosphoricum D12. Bei empfindlichen Pferden und Ponys sollte Abrotanum D1 im Anschluss an jede Wurmkur mindestens 14 Tage gegeben werden.

Grundsätzlich gilt bei Durchfall: spätestens nach drei Tagen, bei Fieber sofort, den Tierarzt holen. Macht das Tier insgesamt einen kranken Eindruck, ist schnelle professionelle Hilfe nötig. Läuft ein Pferd in der Herde und man merkt nicht sofort, wer den Durchfall hat, müssen alle Tiere untersucht werden. Meistens sieht man an den verschmutzten Hinterläufen und dem Schweif, wer betroffen ist. Handelt es sich um einen Magen-Darmvirus, ist bald die ganze Herde krank. Das ist bei Pferden genauso, wie bei uns Menschen.

Kräuter und gutes Heu helfen, den Darm zu beruhigen.

Der Bewegungs-apparat

Lahmheiten

Sie kommen fröhlich in den Stall, freuen sich auf einen erholsamen Ausritt und Ihr Pferd oder Pony steht auf drei Beinen. Es kann auch weniger dramatisch sein. Sie sitzen auf und der Takt stimmt überhaupt nicht. Mögliche Ursachen gibt es viele. Wichtig ist es, erst einmal den Grad der Lahmheit festzustellen, um beurteilen zu können, wie nötig der Tierarztbesuch ist.

Es ist leichter festzustellen, auf welchem Bein Ihr Pferd lahmt, wenn Sie es vom Boden aus beim Laufen betrachten.
Leichte Prellungen oder Vertreten kann man sicherlich erstmal selbst behandeln. Hier habe ich gute Erfahrungen mit Traumeel und Arnika gemacht. Oft sind kleine Wehwehchen, beispielsweise vom Toben auf der Wiese, schnell behoben. Handelt es sich um ein Hufgeschwür, kann ein guter Schmied eine schnelle und große Hilfe sein. Auch ein Hufverband mit warmen Leinsamen unterstützt die Behandlung, weil er die Entzündung im Huf auf sanfte Art und Weise herausziehen kann und nicht so viel gesundes Horn weggeschnitten werden muss.

Ein lahmendes Pferd sollte immer eine längere Ruhephase bekommen, bis es schmerzfrei gehen kann. Auch Weide und Auslaufhaltung mit Artgenossen sind teilweise ungünstig, weil ein rangniederes Tier oft getrieben wird und sich nicht wirklich ausruhen kann. Geduld ist bei Lahmheiten immer gefragt. Geht das Pferd wieder klar, sollte dosiert mit der Bewegung begonnen werden, da, je nachdem wie lange das Tier nicht im Training war, nicht nur der Bewegungsapparat, sondern auch die Kondition des Pferdes langsam wieder gestärkt und aufgebaut werden muss. Besonders temperamentvolle Blüter brauchen viel Liebe und Ruhe, wenn sie lange stehen müssen. Im Notfall muss vor dem Bewegen auch mal ein Beruhigungsmittel eingesetzt werden, um das Tier vor weiteren Verletzungen durch unkontrolliertes Springen oder Scheuen zu schützen. Homöopathisch ist Baldrian ein gern gegebenes Mittel (Achtung Dopingliste).

Wir haben bei Pferden, die längere Zeit nicht bewegt werden konnten, gute Erfahrungen mit der TTEAM-Methode von Linda Tellington-Jones gemacht. Statt des Trainings in der Reitbahn oder dem Ausritt, hat man hier die Möglichkeit

Schwungvoll über das Feld traben – da muss der Bewegungsapparat in Ordnung sein.

Pferde, die nicht geritten werden, kann man mit TTEAM-Bodenarbeit beschäftigen.

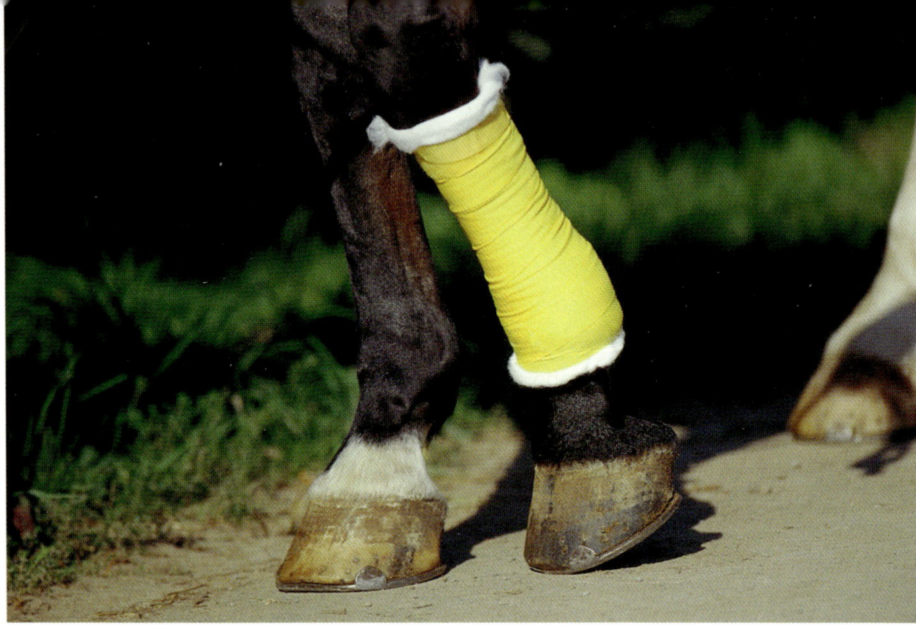

Eine gut angebrachte Bandage unterstützt das kranke Bein.

sich mit dem Pferd zu beschäftigen, den Bewegungsapparat zu stärken, die Nerven zu beruhigen und nebenbei die Pferd-Mensch-Beziehung zu vertiefen.
Langwierig sind Sehnenverletzungen. Wird das Pferd hier zu früh wieder belastet kann es zu dauerhaften Schädigungen kommen.

Rat und Tat bei Sehnenverletzungen:

Graf Wrangel empfahl schon 1896 bei Sehnenverletzungen:
„Absolute Ruhe, feuchte Wärme und tägliche Massage zwei bis dreimal von zehn bis zwanzig Minuten."

Empfehlenswert sind auf jeden Fall Umschläge mit essigsaurer Tonerde und Einreibungen mit Arnika. Innerlich gibt man ebenfalls Arnika D3 oder D6 drei- bis viermal täglich 15 Tropfen. Selbst bei alten Pferden habe ich sehr gute Erfahrungen mit der zusätzlichen Gabe von Rhus Toxicodendron D6 und Ruta D3 gemacht. Auch hier die oben genannte Dosierung.

Bei starker Verletzung der Sehnen kann man damit rechnen, dass die totale Ausheilung sich ein halbes Jahr oder noch länger hinzieht. Unsere Polly hatte sich in jungen Jahren bei einem jagdlichen Ausritt eine böse Sehnenverletzung zugezogen. Nach der üblichen Erstbehandlung haben wir ihr einfach auf der Weide Ruhe gegönnt. Lange nachdem das Pony schon beschwerdefrei war, durften die Kinder nicht auf ihr reiten. Diese Anordnung war richtig. Ihr ganzes Leben ist sie nie wieder lahm gegangen. Der gute Tipp erfahrener Reiter: „Lahmes Pferd – Sommer auf die Weide – nicht hingucken“, hat sich in vielen Fällen schon bewährt. Neigt ein Pferd immer wieder zu Problemen mit den Sehnen, kann auch ein Versuch mit Retterspitz nicht schaden. Sehr einfach in der Handhabe ist sicherlich das tägliche Einreiben mit einer entsprechenden Salbe. Wirkungsvoller sind jedoch regelmäßige Wickel mit Retterspitz. Auch bei starker Belastung kann präventiv Retterspitzwasser eingesetzt werden. Nach jedem intensiveren Training oder längeren Ausritt sollte es zur unverzichtbaren Angewohnheit werden, die Pferdebeine gründlich zu überprüfen. Jede Art von Kühlung ist nach dem Reiten für die Pferde eine Wohltat. Ob mit Wasser, Apfelessig oder speziellen Kühlgels aus dem reichhaltigen Angebot des Handels, spielt keine Rolle.

Ein hervorragendes Mittel, um Binde- und Stützgewebe wirkungsvoll zu pflegen und zu verbessern, ist bei allen Lahmheiten, aber auch bei Hautproblemen, die Kieselsäure. Bei Schüßler ist es das Salz Nr. 11 Silicea. Es braucht in seiner Wirkung etwas länger und erfordert deshalb Geduld. Bei allen chronischen Erkrankungen in diesem Bereich lohnt es sich, diese Ausdauer aufzubringen. Es ist eines der bekanntesten Mittel und wird gleichermaßen von Tierärzten, Heilpraktikern, Apothekern und Haushexen wie mir empfohlen. Probieren Sie es auch für sich und Ihre Pferde.

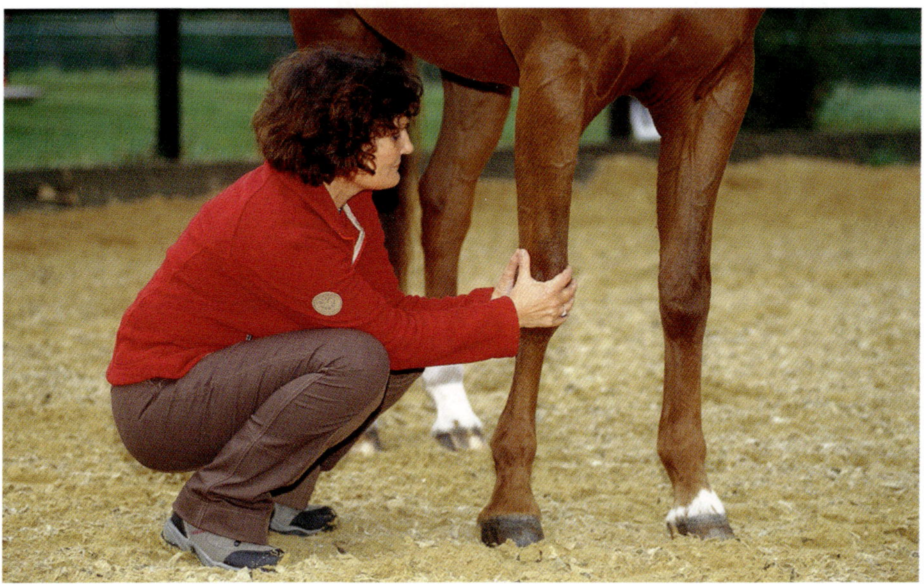

Die richtige Diagnose ist bei Lahmheiten oft die größte Schwierigkeit.

Mauke

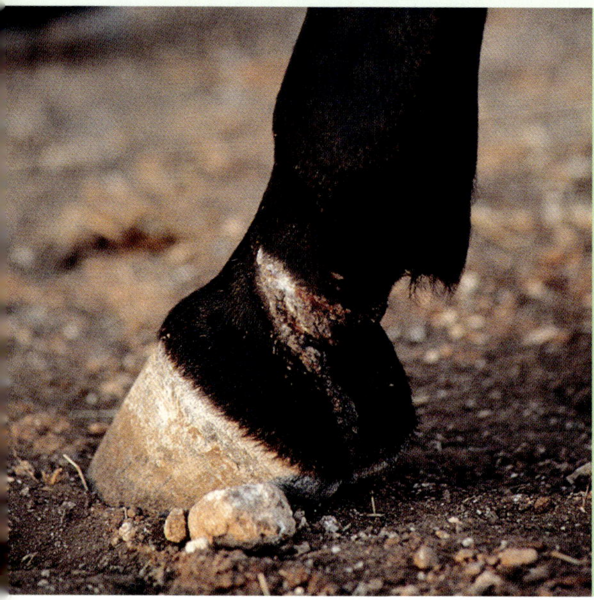

Die Mauke kann eine langwierige und sehr unangenehme Krankheit sein. Sie tritt meistens in der Fesselbeuge der Hinterbeine auf, kann aber auch die Vorderbeine befallen und in speziellen Fällen das Bein hochwandern. In der Fesselbeuge entstehen übermäßige Talgabsonderungen, die Haut schorft ab oder bildet Bläschen, aus denen ein honigfarbenes Sekret fließt.

Die beste Behandlung der Mauke ist die Vorbeugung! Sind der Auslauf oder die Wiese sehr matschig, müssen die Pferdebeine besonders sorgfältig gepflegt werden. Auch bei Auslauf- und Offenstallhaltung muss darauf geachtet werden, dass den Pferden eine ausreichend große Fläche mit festem und trockenem Bodenbelag zur Verfügung steht, so dass die Tiere die Möglichkeit haben, auch über einen längeren Zeitraum matschfrei zu stehen. Dass die Mauke primär Rassen mit langem Fesselbehang betrifft, ist lediglich ein Vorurteil und keinesfalls haltbar. Die dünnhäutigen Vollblutrassen leiden ebenso häufig unter diesem Problem.

Grundvoraussetzung, um der Mauke erfolgreich vorzubeugen, ist zunächst einmal einfach die tägliche Beobachtung der Pferdebeine. Ständiges Waschen und Reiben in der Fesselbeuge kann genau ins Gegenteil umschlagen, da die ohnehin schon weiche Haut nur noch dünner und reizbarer wird (auf keinen Fall eine Wurzelbürste benutzen!). Da die Pferdehaut an diesen Stellen besonders empfindlich ist, kann Mauke in schweren Fällen auch zur Lahmheit führen.

Ich habe mich oft gewundert, dass unsere Kaltblutstute Alma mit wirklich starkem Fesselbehang und in Offenstallhaltung nie auch nur die kleinste Veranlagung zur Mauke zeigte. Das deutsche Reitpony meiner Tochter, in einem gepflegten Dressurstall, mit trockenen sauberen Paddocks und super Weide, hatte hingegen sehr häufig damit zu kämpfen. Vor zwei Jahren waren in unserem Stall nahezu alle Pferde von Mauke befallen. Einzige Ausnahme meine Islandstute Glana. Der Tierarzt vermutete einen Pilzbefall im Gras. Besonders schlimm betroffen waren die Voll- und Warmblüter.
Den Fesselbehang sauber und vor allem trocken zu halten, ist die tägliche Pflichtübung. Ständiges Waschen und Abspritzen der betroffenen Stellen, ist keinesfalls nötig. Nach dem Waschen muss die Mauke mit einem sauberen Handtuch vorsichtig abgetupft werden (Mauke kann ansteckend sein) oder sogar lauwarm geföntwerden. Klettenwurzelöl hält die Haut geschmeidig und verhindert Schorf- und Schuppenbildung. Ist die Haut bereits schorfig, kann oft eine Lebertranzinksalbe helfen. Sollte eine Lahmheit auftreten, muss der Tierarzt oder Heilpraktiker hinzugezogen werden. Homöopathisch von innen kann man unterstützend mit Thuja, Graphites, Arsenikum Album und Lachesis eingreifen.

Interessant ist auch ein Versuch mit Bach-Blüten, zum Beispiel Crab Apple. Diese Blüte kann sowohl innerlich als auch äußerlich bei allen Hautproblemen genutzt werden. Jeder Tierarzt wird sich freuen, wenn Sie seine Therapie sinnvoll mit natürlichen Heilmitteln begleiten.
In dem „Buch vom Pferde“ von Graf von Wrangel (1895), fand ich noch ein paar aufschlussreiche Erläuterungen über die Mauke. Als Ursache galten auch damals schon Feuchtigkeit, Nässe, Unreinlich-

Die Fesselbeuge immer beobachten und trocken halten. Das kann die Mauke verhindern.

Nicht nur schwere Pferde werden von der Mauke befallen, leider trifft es auch alle anderen Rassen.

keiten, fehlerhafte Fütterung und Untätigkeit mit folgender Überanstrengung. Bei chronischer Mauke wurde eine Milbe verantwortlich gemacht. Als besonders gefährdet galten Pferde mit viel Behang und weißen Füßen, schwere Pferde und sowohl Renn- als auch Jagdpferde.

Rezept bei leichten Mauke-Fällen:

„Vor und nach der Arbeit die Beine mit gesalzener Butter einreiben. Bei schwierigen Fällen zusätzlich mit folgender Mischung bestreichen: Gleiche Teile fein pulverisierte Kohle und Schwefelblume mit Leinöl vermischen. Kühlendes Futter, Wiesengras oder Wurzelwerk, sowie Kleiemash und besonders sorgfältige Hautpflege.“

Graf von Wrangel (1895)

Hufrehe

Die Hufrehe ist eine Entzündung der Huflederhaut, die auf verschiedene Ursachen zurückzuführen ist. Heute ist man sich sicher, dass es sich um eine Entgleisung des Stoffwechsels handelt, deren Folgen die Hufe betreffen. Die Krankheit befällt vorwiegend die Vorder- und nur in wenigen Ausnahmen die Hinterbeine.

Jeder Pferderatgeber, ob Buch, Zeitschrift oder im Internet, beschäftigt sich inzwischen mit dem Thema Rehe. Immer wieder tritt diese gefürchtete Krankheit auf, und ihr vorzubeugen ist nicht ganz einfach. Es trifft Pferde aller Rassen, jeden Geschlechts und Alters. Die bekannteste Ursache ist die Futterrehe. Daneben gibt es aber auch noch die Belastungsrehe und bei Nachgeburtsverhaltung die Geburtsrehe. Auch Medikamente können einen Reheschub auslösen. Wer einmal ein erkranktes Pferd gesehen hat, erkennt die Anzeichen sofort wieder. Das Pferd oder Pony hat starke Schmerzen und versucht, die Vorderbeine zu entlasten. Es steht in typischer Rehehaltung, streckt die Füße in eine Entlastungshaltung nach vorne oder legt sich bei starken Schmerzen sogar hin.

Wichtig ist hier, bei den ersten Anzeichen der Krankheit unverzüglich den Tierarzt zu holen und mit ihm zusammen dem Pferd zu helfen. Während man lange Zeit dem Eiweiß im Futter die Schuld zuwies, ist heute sicher, dass bei Futterrehe die Kohlenhydrate verantwortlich sind. Fructane oder Fructosane im Weidegras sind wohl der Hauptauslöser. Besonders gefährlich ist das Weidegras im Frühjahr

Ein „Rehe-Pferd“ darf nur begrenzt auf die Weide. Es sollte schlank gehalten werden.

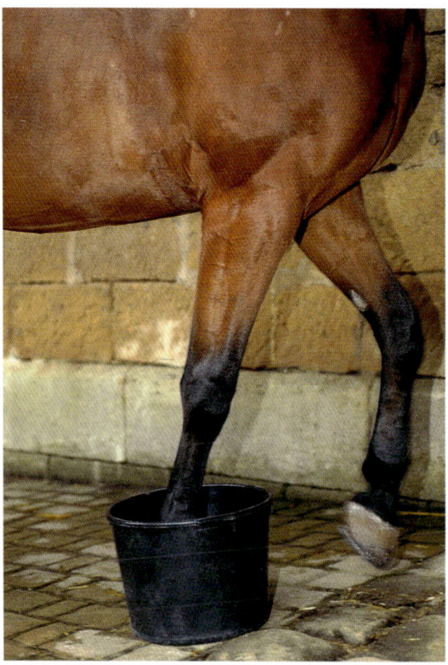

Immer noch die beste Kühlung bei Rehe: Der Wassereimer.

und im frühen Herbst. Selbst die Tageszeit spielt eine Rolle. So lässt zum Beispiel der morgendliche Sonnenschein nach kalten Nächten den Fructangehalt im Gras enorm ansteigen. Anfällige Pferde und Ponys und gut gefütterte (dicke) Warm- und Vollblüter sollten nur dosiert die Weide genießen. Neue Erkenntnisse befürchten, dass auch die Winterwiese Reheschübe auslösen kann. Ist ein Reheschub aufgetreten, muss das Tier sofort weich aufgestallt werden. Zusätzlich sorgen ein Futterentzug und das Kühlen der Hufe für eine erste Linderung. Hierzu ist es optimal, die Pferdebeine in kalte Umschläge mit essigsaurer Tonerde einzupacken oder die Hufe einfach in einen Eimer mit nicht zu kaltem Wasser zu stellen.

Weniger günstig ist es nach neuesten Erkenntnissen, die Beine einfach nur mit kaltem Wasser abzukühlen, da das Wasser aus dem Schlauch meistens zu kalt ist und auch das punktuelle Auftreten des harten Wasserstrahls zusätzliche Schmerzen verursachen kann. Also bitte das Was-

Graf von Wrangel empfiehlt:

„Einwickeln der kranken Gliedmaßen vom Hufe aufwärts in genässte Leinwand (Wasser 19°–20 °C) und Überdecken mit Flanellbinden. Die Wickelung erneuern, sobald Erwärmung eingetreten ist.“

Lange Spaziergänge früh am morgen im feuchten Gras wirken oft Wunder.

ser nur vorsichtig über das Pferdebein laufen lassen.

Nicht Vergessen: Bei einer Reheerkrankung oder ersten Anzeichen hiervon, ist SOFORT ein Tierarzt hinzuzuziehen.

Neben der ärztlichen Versorgung habe ich sehr gute Erfahrungen mit Homöopathie gemacht. Meine Araberstute Kaitra hat trotz großer Vorsicht immer wieder Reheschübe bekommen. Bei den ersten Anzeichen bekommt sie sofort Aconitum und Nux Vomica, später Belladonna und über einen längeren Zeitraum Ginkgo Biloba D1. Dies alles sind Mittel, die die Durchblutung fördern und zur verbesserten Ausschwemmung von Giftstoffen beitragen. Mit 32 Jahren läuft Kaitra heute immer noch sehr gut.
Bei einem akuten Reheschub verschafft ein sofortiger Aderlass Linderung.

Fütterung und Weidezeiten sollten unbedingt mit dem behandelnden Veterinär abgesprochen werden. Viel Bewegung auf weichem Boden, zum Beispiel das Schrittführen des Pferdes in feuchtem Gras, tragen zum Wohlbefinden bei.

Neben dem Tierarzt ist ein exzellenter Hufschmied die wichtigste Hilfe bei einem Rehe-Pferd. Nach einem guten Rehebeschlag mit Polsterung, sollten Sie dem Pferd sofort ansehen, wie es seine schmerzfreiere Bewegung genießt.

Bei anfälligen Pferden lohnt es sich, auch bei dieser Krankheit bereits vorbeugend in die Kräuterkiste zu greifen. Besonders als Frühjahrskur sind Kräuter frisch, getrocknet oder als Teemischung zubereitet immer eine willkommene Abwechslung und Bereicherung auf dem Futterplan des geliebten Vierbeiners.

Frisch gepflückt schmecken Kräuter besonders.

Wichtige Heilkräuter bei Rehe:

- Brennnessel
- Klebkraut
- Löwenzahn
- Beinwell
- Schafgarbe
- Klettenwurzeln

Kräutertee mit den Kräutern über das Futter zu geben hat den Vorteil, dass jede Staubentwicklung unterbunden wird. Dies wirkt sich zusätzlich günstig auf die Atemwege aus.

Bis der Tierarzt kommt, können bei akuten Reheschüben auch wieder die Schüßler-Salze nützlich sein: Wer sich mit den Schüßler-Salzen beschäftigt, hat sie sicher in der Stallapotheke. Sie unterstützen auch später die tierärztliche Behandlung.

Leider ist ein Pferd oder Pony, das einmal Rehe hatte, immer wieder anfällig und

Teatime im Stall, gemütlich für Pferd und Reiter

muss sein Leben lang besonders gut beobachtet werden.
Auch der Maulkorb für die Weide ist sicherlich eine Maßnahme, zu der ich mich allerdings noch nicht durchringen konnte. Außerdem haben wir gerade wieder für ein Pferd mit Maulkorb den Tierarzt kommen lassen müssen, weil es sehr geschickt jede Menge Gras durch die Schlitze fressen konnte. „Allesfresser-Ponys", die allein beim Anblick von Gras dick werden, sind auf einem schönen Paddock mit Artgenossen und Heu besser aufgehoben, als auf der Weide.

Schüßler-Salze bei Rehe

- Salz Nr. 9 Natrium Phosphoricum D3
- Salz Nr. 7 Magnesium Phosphoricum D3
- Salz Nr. 10 Natrium Sulfuricum D3

Je 40 Tropfen alle 10 Minuten.

Arthrose

Hierbei handelt es sich um Gelenkentzündungen und Abnutzungserscheinungen. Stoffwechselprodukte werden in den Gelenken abgelagert. Teilweise liegen die Ursachen hierfür auch in einer falschen Ernährung. Besonders bei älteren Tieren kommen früher oder später diese deutlich sichtbaren Beschwerden. Die Pferde gehen steifer bis hin zu deutlichen Lahmheiten.

Leider gibt es heute auch schon immer mehr junge Pferde, die unter Arthritis und Arthrose leiden. Eine wirklich sichere Diagnose bekommt man nur durch ein Röntgenbild. Selbstverständlich kann auch hier eine optimale Haltung zur Verbesserung beitragen.
Ohne regelmäßige Bewegung werden die Pferde immer steifer.

Ein Zaubermittel ist die Teufelskralle. Meine alte Kaitra lief eine Zeit lang wirklich sehr steif und hatte einen Teil ihrer Bewegungsfreudigkeit eingebüßt. Ich verabreichte ihr einmal täglich mit dem Futter

In unserer Kräuterkiste finden wir eine Reihe wertvoller Helfer gegen Arthrose.

Zum Beispiel

- Brennnesseln
- Petersilie und
- Beinwell

Nicht jede Pflanze darf in der Natur gepflückt werden. Die Lösung: eine Kräuterecke im Garten.

reine Teufelskralle. Bereits nach kurzer Zeit wurde sie wieder munter und lief deutlich besser. Sie wird täglich mit einem kleinen Kind auf dem Rücken zum Spaziergang mitgenommen. Die Teufelskralle machte sie so munter, dass sie nun schon mehrere Male ihren kleinen Reiter verloren hat. Ingwer hat sich bei der Behandlung von Arthrose ebenfalls bewährt. Gerieben oder pulverisiert wird täglich eine kleine Menge über das Futter gegeben. Teufelskralle und Ingwer gehören geschmacklich nicht gerade zu den bevorzugten Speisen unserer Pferde. Man muss sich manchmal ein paar Tricks einfallen lassen, um es ihnen schmackhaft zu machen. Die Teufelskralle sollte granuliert sein. Große Teile bleiben im Trog. Pferde und Ponys, die Obstessig mögen, kann man damit gut überlisten.

Hilft nichts mehr, hat sich bei meinen Pferden die Mischung mit Mash bewährt. Die meisten Tiere lieben Mash und nehmen dann einen weniger leckeren Beigeschmack in Kauf. Eine 20-jährige Warmblutstute in unserem Stall konnte auf Grund ihrer starken Arthrose nicht mehr geritten werden. Vom Tierarzt bekam sie lange Zeit starke Schmerzmittel und Entzündungshemmer. Nach der Beigabe von Ingwer und Teufelskralle konnte die Besitzerin die Mittel wieder absetzen und ihre Stute täglich wieder wunderbar spazieren reiten. Der Tierarzt, der zum Impfen vorbeikam, war total erstaunt über die neugewonnene Bewegungsfreudigkeit des Pferdes – selbstverständlich steht die Stute im Offenstall und auf der Weide.

Homöopathisch habe ich die beste Erfahrung gemacht mit Rhus tox D6 und Ruta D3 oder auch dem Kombimittel Steirocall. Die Pferde können wieder deutlich klarer und schwungvoller laufen und gehen nicht mehr so steif.
Damit die Gelenke geschmeidig bleiben, sorgt bei einem gesunden Organismus eine spezielle Flüssigkeit, die Synovia, für eine gleichmäßige Federung und Schmierung der Gelenke. Außerdem ernährt sie die Knorpelzellen.

Für Gelenke, Sehnen, Knorpel und ein stabiles Bindegewebe wird in den letzten Jahren häufig Muschelkalk eingesetzt.

Er erfreut sich in Fachkreisen großer Beliebtheit. Der Muschelkalk wird über das Futter verabreicht und führt so die entsprechenden Nährstoffe ins Binde- und Stützgewebe. Sicher eine wirksame Möglichkeit, zu frühen Alterserscheinungen vorzubeugen.

Einen interessanten Tipp fand ich noch bei Eva Aschenbrenner, der Spezialistin für Wildkräuter. Eine Tinktur aus Kastanienblüten hilft bei Rheuma- und Arthritisbeschwerden. Sie findet auch Verwendung bei stumpfen Verletzungen, Durchblutungsstörungen und Muskelkrämpfen. Kastanienblüten kann man im Frühjahr fast überall sammeln.

Das Rezept: Eine Handvoll Blüten in einem halben Liter Schnaps ansetzen. Die Flasche für ein paar Wochen an einen sonnigen, warmen Platz stellen, dann ist die Tinktur fertig.

Dies ist sicherlich eine preiswerte Möglichkeit ohne Nebenwirkungen. Einfach mal Ausprobieren – nicht trinken, nur einreiben!

Als Laie verwechselt man häufig die Begriffe Arthrose und Arthritis. Bei der Arthritis handelt es sich um eine akute Entzündung der Gelenke. Die Arthrose ist eine nicht entzündliche Abnutzungserscheinung. Jedes Gelenk kann von der

Teufelskralle ist für Mensch und Tier eine der bewährtesten Pflanzen bei Arthrosen.

Kann ein Pferd nicht mehr geritten werden, genießt es Spaziergänge mit dem Menschen.

Gemütliche Austritte können auch mit Arthrose noch viel Freude bringen.

Arthrose betroffen sein. Aber am häufigsten sind die Veränderungen an den großen, tragenden Gelenken. Leider kommt es auch immer häufiger bei jungen Pferden vor. Sie werden oft zu früh eingeritten oder schon in jungen Jahren überbelastet.

Selbstverständlich ist auch ein genetischer Einfluss nicht auszuschließen. Der Verlauf der Krankheit erstreckt sich meist über viele Jahre. Sie kommt nicht über Nacht und wird häufig zu spät erkannt.

Vorbeugend können jedoch einige der genannten Maßnahmen hilfreich sein. Neben vernünftiger eiweißarmer Fütterung, ist regelmäßige Bewegung, Gewichtskontrolle, der gezielte Griff in die Kräuterkiste und bei Bedarf auch ein professioneller orthopädischer Beschlag, zu überlegen. Bei einem perfekten Beschlag erhöht sich sehr oft die Bewegungsfreude und die Pferde können wieder geritten werden, oder wenigstens beschwerdefrei Weide oder Auslauf genießen.

Phlegmone/Einschuss/Ödeme

Die Phlegmone entwickelt sich oft aus einer winzigen Verletzung, die niemand bemerkt hat und kann zu einer schweren Störung des Allgemeinbefindens führen. Plötzlich steht das Pferd auf drei Beinen und das vierte ist unförmig dick, geschwollen und äußerst schmerzempfindlich. Da es sich hier um eine Infektion handelt, sollte immer ein Tierarzt hinzugezogen werden.

Bekommt das Pferd auch noch Fieber, kann es leider durchaus ein sehr schwerer Krankheitsverlauf werden. Bis der Arzt kommt, werfen Sie einen Blick in die Stallapotheke und versorgen Sie das Pferd homöopathisch.
Ist das Bein sehr berührungsempfindlich, kann Lachesis D8 hilfreich sein. Bei besonders starker ödematöser Schwellung immer an Apis D4 oder D6 denken. Diese Mittel können die Medikamente des Tierarztes unterstützen. Bei stark geschwollenen Beinen wirken kalte Umschläge wohltuend. Auch nach der Ausheilung der Phlegmone kommt es an dem betroffenen Bein oft immer wieder zu Ödemen. Da das Gewebe geweitet ist, neigt es leider zu Wasseransammlungen. Greifen Sie einfach in die Kräuterkiste. Selbst Kräutermuffel wissen, dass Brennnesseltee ein natürliches Mittel ist, um überflüssiges Wasser aus dem Gewebe zu schwemmen. Brennnesseln finden Sie auch ohne eigenen Kräutergarten. Wer keine Lust zu sammeln hat, kann Brennnesseltee heute fast überall kaufen. In Apotheke, Reformhaus, Drogerie und selbst im Supermarkt wird er angeboten. Zu den entschlackenden und entwässernden Pflanzen gehören auch die Birkenblätter. Haben Sie die beste

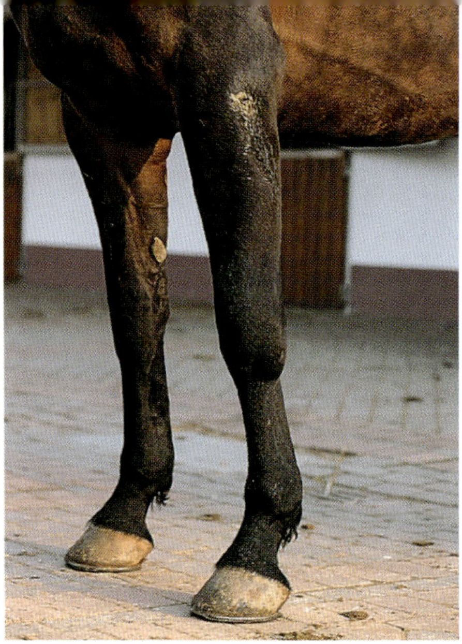

Eine winzige Verletzung kann zu einem Einschuss führen. Tetanusschutz überprüfen.

Sammelzeit im Frühling verpasst, können Sie auch diese als getrocknete Blätter oder in Form von Tee überall kaufen.

Zur milden Entwässerung ist Apfelessig eine Empfehlung. Wir kennen seine unzähligen guten Eigenschaften und die Wasserregulierung gehört auch dazu. Pferde, die immer wieder zu Ödemen an den Beinen neigen, brauchen viel Bewegung. Offenstallhaltung mit Auslauf sind wie bei vielen anderen Problemen auch hier die ideale Lösung. Das Übel verbessert sich mit fortschreitendem Alter des Pferdes leider nicht. Da das Bindegewebe immer labiler wird, kann sich auch schneller Flüssigkeit ansammeln. Apis D4 als homöopathische Möglichkeit, sollte ruhig über einen längeren Zeitraum angewandt werden. An Tagen, an denen die Beine besonders geschwollen sind, zum Beispiel heiße Tage im Sommer, hilft Pfarrer Kneipp mit seinen verschiedenen Wasseranwendungen von außen. Hier darf auch ruhig der

Tipp zum Entwässern:

Bei Eva Aschenbrenner fand ich noch ein für mich neues Rezept zum Entwässern: 50 g Wacholderbeeren werden gequetscht und in einem Liter leichtem Tafelrotwein eine Minute gekocht. Vom Herd nehmen und 48 Stunden stehen lassen. Danach wird abgeseiht und abgefüllt. Davon bitte 3–4 Schnapsgläser pro Tag trinken. Ich habe es noch nicht probiert, aber meine Pferde lieben ihre homöopathischen Tropfen mit Alkohol. Ich denke, sie würden auch Rotwein trinken. Achtung: Bei Nierenentzündung, Leberproblemen und trächtigen Stuten nicht einsetzen.

Die bekannteste Pflanze zur Entwässerung, überall zu finden: Die Brennnessel.

Wasserschlauch länger zum Einsatz kommen. Aufpassen: Nie mit zu scharfem Strahl abspritzen und nicht zu lange auf eine Stelle halten. Gleichmäßig sanft den Schlauch führen.

Sehr gute Erfolge bei Ödemen und angelaufenen Beinen bringt die Behandlung mit Retterspitz. Schon nach der ersten Anwendung gehen die Schwellungen zurück und der Erfolg bleibt länger erhalten. Wird mit Retterspitz gewickelt, sollte der Wickel so lange am Bein bleiben bis er trocken ist (ca. 2 Stunden). Eine weitere Möglichkeit, um ständig wiederkehrende Ödeme an den Beinen zu bekämpfen, sind fachgerecht ausgeführte Massagen und Lymphdrainage. Hier sollte man in jedem Fall einen Fachmann ans Pferd lassen und nicht selbst Hand anlegen. Bindegewebsschwächen brauchen Silicea in mittleren Potenzen über einen sehr langen Zeitraum.

Junge Birkenblätter sind besonders schmackhaft und eine milde Entwässerung.

Pfarrer Kneipp hatte die besten Rezepte bei Ödemen. Immer wieder „Wassertreten".

Strahlfäule

Bei einem gepflegten Pferd oder Pony sollte diese Erscheinung nicht auftreten, da man bei täglicher Kontrolle der Hufe eine Veränderung des Strahls sofort bemerkt. Regelmäßige Betreuung durch einen Schmied beugen der Strahlfäule ebenfalls vor. Offene schwammige Stellen am Strahl müssen immer behandelt werden, da es durchaus zu Strahl- oder Hufkrebs kommen kann.

Bei Pferden und Ponys, die viel im Matsch oder einer nassen Box stehen, kann dies zur Veränderung des Strahls führen. Nachgewiesen ist zudem, dass eine erbliche Veranlagung möglich ist. Außerdem gelten Pferde mit sehr engen Trachten ebenfalls als anfällig für Strahlfäule. Die alte Methode, einfach Holzteer über die betroffenen Stellen zu pinseln, hilft nicht, da der Fäulnisprozess darunter weitergeht. Nur wenn der Schmied alles weggeschnitten und gesäubert hat, kann Holzteer zum Einsatz kommen. Die Hufe sollten möglichst trocken gehalten werden. Eine tägliche Kontrolle ist unbedingt erforderlich. Eine Auflage oder das Auswaschen mit einer Arnika-Calendula-Lotion bringen auf jeden Fall eine Besserung. Der kranke Strahl kann mit gepulverter Holzkohle oder Perubalsam bestrichen werden. Vorher lose Strahlteile sorgfältig entfernen. Die Mittel kann man beim Schmied, in der Apotheke oder im Fachhandel bestellen.

Auch von innen gibt es die Möglichkeit, der Strahlfäule entgegenzuwirken. Bewährt haben sich Arnika D3 und Silicea. Eine nicht behandelte Strahlfäule kann zur Unreitbarkeit des Pferdes führen. Jeder Pferdehalter hat hier seinem Tier gegenü-

Ein gepflegter, sauberer Huf kann keine Strahlfäule bilden.

ber eine Verantwortung. Lahmt ein Pferd in Folge von Strahlfäule, ist die Krankheit schon sehr weit fortgeschritten. Darum ist die vorbeugende Pflege so wichtig. Auf keinen Fall darf der Huf mit ätzenden Chemikalien, wie zum Beispiel Silbernitrat, behandelt werden. Sanfte Mittel zu Desinfektion können jedoch die Heilung unterstützen. Hier bietet Jodoformäther eine gute Möglichkeit. Einen Wattebausch mit dem Äther tränken und dann in die betroffenen Stellen drücken und den Huf verbinden. Mindestens einmal täglich sollte der Hufverband gewechselt werden und das Pferd während des Putzens ohne Verband auf trockenem Boden stehen. Der behandelnde Tierarzt oder Schmied kann sicherlich ein für Ihr Pferd geeignetes Mittel empfehlen. Klausantinktur der Firma Schaette desinfiziert und trocknet den Huf. Man bekommt es in der Apotheke.

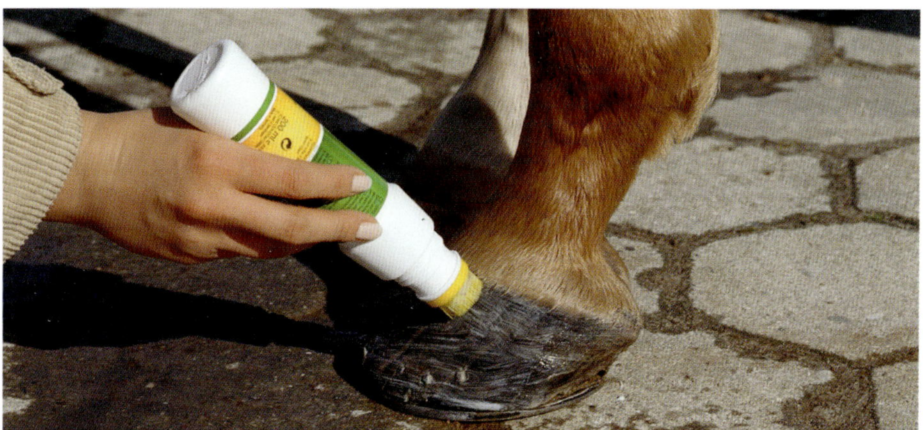

Nur ein sauberer Huf sollte mit Fett oder Öl behandelt werden.

Kreuzverschlag

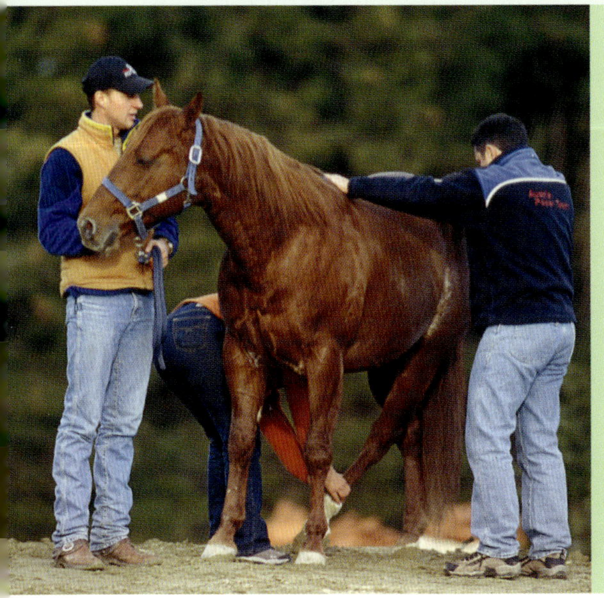

Der Kreuzverschlag ist eine akut auftretende Muskelerkrankung. Das Pferd wird plötzlich ganz steif, bewegt sich kaum oder gar nicht. In Folge übersteigerter Milchsäurebildung bei gleichzeitig schlechter Durchblutung, degenerieren Muskelzellen. Der freigewordene Muskelfarbstoff (Myoglobin) gelangt in die Blutbahn und wird mit dem Harn ausgeschieden. Hierbei verfärbt sich der Urin dunkelrot bis schwarz. Das gab der Krankheit den Namen ‚schwarze Harnwinde' oder ‚Nierenverschlag'.

Der Sammelbegriff Kreuzverschlag steht für Bewegungsstörungen durch Muskelerkrankungen oder -verletzungen. Sehr gefürchtet war die Krankheit früher bei den Landwirten. Die Kaltblüter standen am Wochenende bei gutem Futter im Ständer, montags mussten sie schwere Arbeit verrichten und dann kam der Kreuzverschlag. Auch der übliche Stehtag in manchen Reitställen bei voller Fütterung, brachte am nächsten Arbeitstag oft den Kreuzverschlag. Es muss nicht immer eine tatsächliche Überforderung des Pferdes sein. Ruhe bei zu starker Fütterung und anschließende Anstrengung können den Kreuzverschlag auslösen. Früher sagte man, je edler das Pferd, desto seltener ist die Gefahr, dass das Pferd an Nierenverschlag erkranken kann. Ich würde das nicht so stehen lassen.

Vor vielen Jahren hatte ich eine Vollblutstute, die Verschlag bekam. Da sehr schnell ein Tierarzt zur Stelle war, hatten wir die Krankheit bald ohne Spätfolgen im Griff. Und auch bei den Weltreitspielen in Aachen 2006 mussten beim Distanzritt Pferde auf Grund von Kreuzverschlag aus dem laufenden Wettkampf genommen werden. In diesem Sport ist es sicherlich schwer, immer genau festzustellen, wann das Pferd seine Grenzen überschritten hat. Es handelte sich bei den kranken Pferden um trainierte Vollblutaraber.

Auch ein nicht so erfahrener Pferdebesitzer kann die Symptome des Kreuzverschlags leicht erkennen. Das Pferd kann sich kaum bewegen und schwankt stark. Die Muskulatur auf Rücken und Kruppe fühlt sich bretthart an und ist mehr oder weniger stark geschwollen. Besonders typisch für den Verschlag ist, wie oben erwähnt, die Rot- oder Schwarzfärbung des Urins. Da das Pferd große Schmerzen hat, zeigt es auch kolikähnliche Symptome, wie Zittern und Schweißausbruch. Bei den ersten Anzeichen dieser Symptome muss sofort der Tierarzt gerufen werden. Je schneller der Veterinär das Pferd behandeln kann, desto größer sind die Heilungschancen.

Bis der Arzt da ist, können Sie schon erste Hilfe leisten. Die Kruppen- und Rückenmuskulatur muss mit Kampferspiritus kräftig massiert und anschließend gut und warm eingedeckt werden. Das Pferd auf

Ein Sack oder Beutel mit Heublumen bringt sofort Erleichterung bei Rückenschmerzen.

Regelmäßige Bewegung und Weidegang beugen vielen Beschwerden, auch dem Kreuzverschlag, vor.

warme Einstreu stellen und ein Hinlegen vermeiden. Eine gute Möglichkeit, den Rücken warm zu halten, ist auch ein warmer Sack mit Heublumen. Er sollte natürlich vorhanden sein. Wenn Sie erst bei auftretender Krankheit anfangen zu nähen, ist es zu spät. Es lohnt sich aber, einen im Stall zu haben. Ein Heublumensack ist nach jedem anstrengenden Ritt oder härterer Arbeit eine Wohltat für die beanspruchte Pferdemuskulatur. Schnelle Hilfe bringt auch ein warmer Kartoffelsack. Gekochte, zerstampfte Kartoffeln in einen Sack oder eine Leineneinkaufstasche packen, auf den Rücken legen und oben drüber eine Wolldecke ausbreiten. Sind weder Heu- noch Kartoffelsack zur Hand, kann man auch warmen Leinsamen im Tuch auf den Rücken packen. Leinsamen sollte in jedem Stall vorhanden sein. Wärme ist für die Muskulatur immer eine Entspannung. So hilft es natürlich auch, das Pferd unter ein Solarium zu stellen. Und auch nach den Maßnahmen des Tierarztes können diese Anwendungen eine zusätzliche Hilfe sein. Günstig wirkt es sich auch aus, drei Tage lang mit Natrium bicarbonat und Nux vomica zu behandeln.

Durch die heutige artgerechtere Pferdehaltung in den meisten Ställen und die Abschaffung des ‚Stehtags', kommt der Kreuzverschlag nicht mehr so häufig vor. Tiere, die immer im Offenstall in Bewegung sind, haben in der Regel eine bessere Grundkondition als Pferde in reiner Boxenhaltung.

Durch ausgewogene und individuelle Fütterung, die dem täglich wechselnden Arbeitspensum des Pferdes angepasst ist, ausreichende und regelmäßige Bewegung und genaue Beobachtung seines Tieres, sollte die Krankheit in vielen Fällen verhindert werden können.

Warm einpacken und gleich den Tierazt rufen

Wichtig:

Bei Kreuzverschlag im akuten Fall warm eindecken und im Gegensatz zur Kolik auf keinen Fall bewegen.

Weidegang statt Stehtag ist auch für Turnierpferde unerlässlich.

Die Haut/ Das Fell

Hautpilze

Hautpilze sind eine unangenehme Erscheinung und erfordern oft eine langwierige Behandlung. Wann immer eine Pilzkrankheit auftritt, ist dies auch ein Zeichen dafür, dass das Immunsystem des Pferdes nicht ganz in Ordnung ist.
Ich habe festgestellt, dass sich ein Pilz häufig nach einer überstandenen Krankheit, nach einer Antibiotikabehandlung oder auch im Fellwechsel einschleicht.

Pilze gibt es immer und in wirklich jedem Stall, aber an einer Pilzinfektion erkranken nur Pferde mit einem ohnehin schon geschwächten Immunsystem. Erste Anzeichen eines Pilzbefalls sind relativ leicht zu erkennen, wenn man sein Pferd oder Pony regelmäßig putzt.

Die typischen Pilzsymptome wie Haarausfall und kahle, juckende Stellen, können am ganzen Körper auftreten. Oft lässt sich das Fell rund um die betroffene Stelle ganz leicht auszupfen. Letzte Klarheit bringt natürlich auch hier nur eine tierärztliche Diagnose. Neben medizinischen Waschungen und Salben, kann der Reiter oder Pfleger helfend eingreifen. Vor allem ist aber erst einmal das Putz- und Sattelzeug und alles, was mit dem erkrankten Pferd in Kontakt kommt, sorgfältig zu desinfizieren. Hier sollte man ruhig mit schärferen Mitteln wie Sagrotan oder ähnlichem angreifen. Wichtig ist auch, dass die Stallsachen nach nahezu jedem Putzen oder Kontakt mit dem Pferd erneut desinfiziert werden. Mittlerweile gibt es gute Sprays, mit denen eine regelmäßige Reinigung schnell und unproblematisch ist. Zu beachten ist, dass jedes vom Pilz befallene Pferd sein eigenes Putz- und Sattelzeug hat.

Ein altes, sehr bewährtes Hausmittel ist der Apfelessig. Die betroffenen Stellen können einfach damit abgewaschen werden. Sollte die Haut schon offen und wund sein, empfiehlt es sich, den Essig mit Wasser zu verdünnen. Täglich einen Löffel Apfelessig ins Futter wirkt sich auf Grund des hohen Vitamin-C-Gehaltes stabilisierend auf das Immunsystem und den gesamten Stoffwechsel und somit auf das Haarkleid des Pferdes aus. Ein weiteres wunderbares Mittel ist der Grapefruit- oder Zitruskernextrakt. Nachweislich bekämpft er Bakterien, Viren und Pilze. Auch hier wirkt sich der hohe Vitamin-C-Gehalt stimulierend auf das Immunsystem aus und kann sowohl innerlich als auch äußerlich angewandt werden. Mit dem Flüssigextrakt wird das Putzzeug schonend desinfiziert.
Betroffene Stellen können mit ätherischen Ölen betupft werden. Das schafft ein Hautmilieu, in dem Pilze nicht leben können. Zum Beispiel Teebaumöl, Orangen- und Zitronenöl und auch Lavendelöl.

Leidet ein Pferd oder Pony öfter unter Pilzbefall, ist es wichtig, ein stabiles Immunsystem aufzubauen und dauerhaft zu stärken. Mutter Natur stellt uns hier viele gute Kräuter zur Verfügung.

Bürsten, Striegel und Hufkratzer müssen bei Hautpilz gründlich desinfiziert werden.

Die Ringelblume trägt zur Stärkung des Immunsystems bei und gehört in jede Stallapotheke.

Kräuter, Tee und Tinkturen kann man wunderbar selbst sammeln und zubereiten.

Kräuter zur Stärkung des Immunsystems:

- Sonnenhut
- Ringelblume
- Hagebutte
- Grüner Tee
- Ginseng
- Brennnessel

Je nach Möglichkeit frisch, getrocknet oder als Tee, können wir uns aus der reichhaltigen Natur-Apotheke bedienen und den Vierbeinern ein wenig Urkraft zurückgeben. Das Immunsystem wird immer gestärkt, wenn wir eine gesunde Darmflora herstellen.

Es gibt auch noch andere Möglichkeiten, die Darmflora zu unterstüzen. Probieren Sie aus, ob Ihr Pferd oder Pony Joghurt mag. Manche Tiere sind ausgesprochene Schleckermäuler und lieben die Produkte. Gibt man noch einen Löffel Honig dazu, wird der Joghurt nicht nur versüßt, sondern dem Pferd noch ein großes Plus an Vitaminen und anderen wertvollen Inhaltsstoffen verabreicht.

Allergien

Nicht nur bei Menschen, auch bei unseren Pferden ist die Allergieanfälligkeit in den letzten Jahren erschreckend gestiegen. Die allergieauslösenden Stoffe herauszufinden, ist genau wie bei uns Zweibeinern nicht einfach und erfordert viele Tests und Geduld. Die häufigsten Ursachen bei Pferden können sein:

- **Futter,**
- **Schimmelpilze in Heu und Stroh,**
- **Insekten,**
- **Staub,**
- **aber auch Medikamente von innen und**
- **Salben und Mittelchen von außen.**

Eine umfassende Stabilisierung des Immunsystems setzt die Allergiebereitschaft des Körpers deutlich herab. Alles, was die Immunabwehr stärkt, kann dem Tier helfen, besser mit der Krankheit umzugehen. Ein bewährtes Mittel aus der Naturheilkunde ist Apis D3. Bei akuten Zuständen kann es am Anfang alle zwanzig bis dreißig Minuten verabreicht werden. Hier tritt oft schon sehr schnell eine Besserung ein. Außerdem kann Histaminum für eine längere Behandlung empfohlen werden. Äußerlich hilft es, beispielsweise bei Quaddelbildung, das Pferd mit kühlendem Obstessig abzuwaschen.

Bei der häufig auftretenden Stauballergie werden die Atemwege des Pferdes stark belastet. Hier wird dringend geraten, das Heu gründlich zu wässern und Boxenpferde zumindest tagsüber an die frische Luft zu stellen. Eins der besten Mittel hierbei ist sowieso die Offenstallhaltung. Ist dies nicht möglich, kann es auch oftmals schon helfen, die Stroheinstreu durch Späne zu ersetzen. Staubfreie Fütterung muss selbstverständlich sein – also auch das Kraftfutter anfeuchten. Zusätzlich sollte auch hier wieder darauf geachtet werden, nur zu fegen und zu misten, wenn das Pferd draußen ist.

Leider beobachtet man immer noch in vielen Reitställen, dass während der Fressenszeiten gefegt wird und so zusätzlich Staub aufgewirbelt und die Belastung der Atemwege erhöht wird. Es würde auch uns stören, wenn wir gemütlich im Restaurant sitzen, die Putzfrau kommt und anfängt unter unserem Tisch zu saugen.

Es sind oftmals schon die kleinen Dinge, die bei der täglichen Arbeit mit unseren Vierbeinern eine große Wirkung erzielen. Hier kann ich immer wieder nur raten: Denken hilft!!

Wenn irgendwie möglich, sollten Putzen und Pferdepflege immer im Freien stattfinden – auch bei Sonnenschein im Winter. Gerade hier genießen die Pferde die frische Luft und die Sonnenstrahlen auf ihrem dicken Pelz.

Allergieanfälligkeit ist oft vererbt und wird durch Fehler in der Pferdehaltung, allgemeine Krankheiten und Magen-Darm-Schwäche verstärkt. Ein guter Griff in die Naturheilmittel- und Kräuterkiste kann unseren Pferden so manchen Krankheitsausbruch von vornherein ersparen. Ganz

Bei Allergien bitte Staubentwicklung vermeiden und wenn irgend möglich im Freien putzen.

Junge, zarte Blätter sind besonders wertvoll.

Zu den Top Ten der Hausmittel bei Allergien gehören zudem:

- Schwarzkümmel
- Buchweizen
- Dost
- Eibisch
- Sonnenhut
- Birkenblätter
- Löwenzahn

und alle Maßnahmen und Futterzusätze, die das Immunsystem stärken.

weit vorne auf der Liste der Hausmittel rangiert hier die Brennnessel. Getrocknet, frisch oder als Tee zubereitet ist sie ein bewährtes Langzeitmittel – Überdosierung nahezu ausgeschlossen!

Der aufmerksame Pferdebesitzer merkt in der Regel, wann es seinem Freund besser oder schlechter geht und kann so die Allergieauslöser isolieren. Wie schon eingangs erwähnt, wirkt auch bei diesem Krankheitsbild ein Klimawechsel oft Wunder.

Ich bin ein großer Fan von Bach-Blüten und möchte jedem Tierfreund empfehlen, sich ein wenig damit zu beschäftigen. Auch bei Allergieanfälligkeit können die Tropfen wirklich hilfreich sein. Crab Apple und Beech sind zwei der bekanntesten Blüten bei Allergien.

Birkenblätter enthalten wertvolle Inhaltsstoffe wie Fluoride, Saponine und Gerbstoffe.

Allergiker sollten Sie möglichst an der frischen Luft reiten. Der Staub in der Reithalle verschlechtert den Zustand.

Sommerekzem

Ein großes Problem im Bereich der Allergien, ist das Sommerekzem. Es handelt sich hierbei um eine entzündliche Hauterkrankung, die starken Juckreiz auslöst. Ursache ist vermutlich eine allergische Reaktion auf den Stich bestimmter Mückenarten (Kriebelmücken, Gnitzen). Die Pferde scheuern sich an den betroffenen Stellen Mähne und Schweif auf.

Alle Jahre wieder werden wir durch Bücher und Zeitschriften über neue Wundermittel und Tinkturen informiert. Aber das Allheilmittel hier ist immer noch nicht gefunden worden. Mein erster Kontakt mit dem Ekzem liegt 26 Jahre zurück:

Polly hatte nach einem Jahr gerade ihr Fohlen Benjamin abgesetzt und wir fuhren mit ihr und Kaitra in den Urlaub an die Nordsee. Die Pferde standen auf einer wundervollen, fetten Weide mit einem alten Schuppen als Unterstand. Polly fraß und juckte und fraß und juckte. Die kahlen Stellen an Kruppe, Schweif und Mähne waren mir ein Rätsel und keiner, auch nicht der ortsansässige Tierarzt, konnte mir im Urlaub helfen. Wieder zu Hause, diagnostizierte unser Tierarzt, der auch Isländer züchtete, sofort: Sommerekzem. Jetzt begann meine Experimentierzeit. Viel hat sich bis heute nicht geändert.

Das Ekzempony braucht intensive, tägliche Pflege. Bei geeignetem Wetter wasche ich täglich Mähne und Schweif und creme diese hinterher gut ein. Wenn nichts anderes zur Hand ist, hilft jede Art von Creme, Fluid, Öl oder Paste. Besonderen Erfolg habe ich immer mit Kletten-

Das Ekzempony sucht eine Möglichkeit, sich zu schubbeln. Ein Besen ist besser als abgebrochene Äste.

wurzelöl erzielt. Meine preiswerte Spezialmischung: Eine billige, große Flasche Babypflegeemulsion, Klettenwurzelöl und ein paar Tropfen Teebaumöl. Diese Mischung kräftig schütteln und die betroffenen Stellen damit einreiben. Natürlich sieht das nach einer ‚Ponywälzaktion' nicht sehr gepflegt aus, aber es hilft und wird ja schon am nächsten Tag sorgfältig wieder abgewaschen – und hinterher neu eingeschmiert. Es gibt mittlerweile viele teure und auch gute Mittel auf dem großen Pferdepflegemarkt. Aber es lohnt sich auf jeden Fall, auch eine preiswerte Variante auszuprobieren. Bei einem von Sommerekzem geplagten Pferd sollte die Weidezeit natürlich reduziert werden und zur Hauptmückenplage ist der insektenfreie Stall besonders wichtig. Ponys in Offenstallhaltung wissen selber genau, wann sie ihre Box aufsuchen. Unsere bewährten Allergiekräuter und Mittel sind auch beim Sommerekzem angebracht. Wenn nichts wirklich Erleichterung bringt, hilft nur noch eine komplette Ekzemdecke. Betroffene Ponys und Pferde gewöhnen sich dabei meist viel schneller an ihre Verkleidung als ihre Weidekumpanen. Diese sind oftmals richtig geschockt über das Aussehen ihrer Freunde.

Heute sind nicht mehr nur Isländer betroffen. Das Sommerekzem zieht sich leider durch alle Rassen. Ich habe es beim Araber erlebt, bei Warmblütern und auch Kaltblütern. Die Stärke des Ekzems bestimmt die Maßnahmen. Wenn kein Mittel richtig anspricht, hilft manchmal wirklich nur

Boxenaufenthalt. Die Ponys oder Pferde sollten dann nur stundenweise und in der mückenarmen Tageszeit auf Wiese oder Paddock. Bei Offenstallhaltung ist es besonders wichtig, den Stall frei von Mücken und Fliegen zu halten und die Ekzemponys müssen jederzeit Gelegenheit haben, sich zurückzuziehen und dürfen nicht von ranghöheren Genossen daran gehindert werden.

Wie wird mein Stall nun möglichst frei von ungebetenen Flug- und Kribbelgästen? Plastikstreifenvorhänge vor der Tür, Fliegengitter vor offenen Fenstern und viele schöne Duftkräuter, die den Pferden nicht schaden, aber Insekten fernhalten. Allen voran Teebaumöl, Lavendel, Knoblauch und eine Zitrone mit Gewürznelken gespickt. Immer wieder günstig ist es, die Pferde mit Obstessig abzuwaschen; eben-so Futtertröge und Balken. Lassen Sie ruhig ein paar Spinnenweben im Stall hängen. Diese helfen uns zusätzlich und auf ganz natürliche Weise, den Mücken- und Fliegenbestand zu reduzieren. Ein Stall sollte selbstverständlich sauber sein, muss aber nicht steril gehalten werden.

In schlimmen Fällen ist die Ekzemdecke der einzige Schutz. So darf das Tier auch auf die Weide.

Der Kopf

Augenentzündungen

Fliegenschwärme belästigen im Sommer besonders unsere Weidepferde. Augenentzündungen, Tränenfluss und geschwollene Lider sind die Folge. Zunächst ist ein guter Schutz vor Insekten erste Vorbedingung, wenn die Pferde tagsüber auf der Wiese sind. Wer Insektenspray nicht mag, sollte sein Pferd vor jedem Weidegang sorgfältig mit Obstessig abwaschen. Auch Teebaumöl ist eine gute Möglichkeit – Vorsicht: Bei empfindlicher Haut verdünnen.

Ein fliegenfreier Unterstand oder große, schattenspendende Bäume, sind tagsüber sehr wichtig. Bei manchen Pferden reicht das aber auch noch nicht. Hier können ein Fransenstirnband (kann man auch selbst basteln) oder eine Maske helfen.

Zudem ist es wichtig, auch den Stall möglichst fliegenfrei zu halten. Kunststoffbänder im Eingang lassen zwar Licht durch, halten aber Regen, Sturm und Fliegen weitestgehend ab. Die meisten Pferde gewöhnen sich schnell daran, durch die Bänder zu gehen. Schwierigen Kandidaten lässt man am Anfang zwei oder drei Bänder offen, bis sie ihre Scheu davor abgelegt haben. Lavendelsträuße und Knoblauch am Fenster vertreiben nicht nur Ungeziefer, sie sollen ja bekanntlich auch vor Hexen und Vampiren schützen.

Tränen die Augen trotzdem, hilft es oft, mit einem Sud aus Augentrost die Augen vorsichtig auszuwaschen. Gute Erfahrungen habe ich auch mit Bepanthen Augensalbe gemacht. Sie ist auch hilfreich bei kleineren Entzündungen oder Verletzungen des Auges. Achtung: Keine Kamille am Auge verwenden. Die meisten Vierbeiner gewöhnen sich sehr schnell an

Manchmal hilft auch kein Kopfschütteln vor lästigen Fliegen. Netz oder Bänder schützen besser.

diese Anwendungen und genießen sie dann sogar, da sie merken, dass sie zügig Linderung verschaffen. Lassen sich die Beschwerden durch diese Maßnahmen nicht beheben, sollte der Tierarzt die Augen kontrollieren.

Bei Verletzungen der Hornhaut und anderen Augenkrankheiten, sollte grundsätzlich ein Fachmann hinzugezogen werden. Auch hier unterstützen homöopathische Mittel den Behandlungsplan. Bei entzündlichen Prozessen können Euphrasia D3, Rhuta D3 und Arnika D6 den Heilungspro-

Schutz gegen Plagegeister:

- Knoblauch
- Lavendel
- Zitrone mit Nelken
- Teebaumöl
- Obstessig

So sollte es sein, das Pferd kann ungestört den Sommer genießen.

zess unterstützen. Bei starken Schmerzen wirken Hyperikum D6 und Ledum D3 lindernd. Spezieller ist natürlich eine genaue Bestimmung durch einen guten Heilpraktiker. Mit den oben genannten Mitteln habe ich ausgezeichnete Erfahrungen gemacht. Sie gehören in jede Stallapotheke. Auch leichte Augenverletzungen sollten nicht bagatellisiert, sondern in jedem Fall behandelt werden, da sie das Wohlbefinden des Pferdes sehr beeinflussen können.

Zahnprobleme

Viele Reiter machen sich gar keine Gedanken, wie sehr Probleme mit den Zähnen die Gesundheit und Leistungsfähigkeit ihres Pferdes beeinflussen können. Schon kleine Haken sind ausreichend, um Backenverletzungen und Verdauungsstörungen herbeizuführen. Auch mir war früher nicht so bewusst, dass man die Zähne und das Maul regelmäßig kontrollieren lassen sollte.

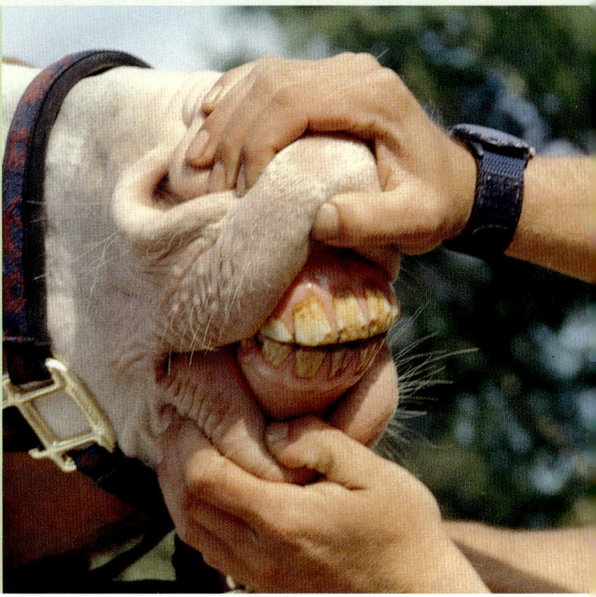

Für Zahnuntersuchungen sind Vorübungen zur Gewöhnung an die Öffnung des Maules vorteilhaft.
Ein guter Tierarzt kann sicher die Zähne überprüfen, aber bei größeren Problemen muss doch ein Pferdezahnarzt zu Rate gezogen werden. Auch wir sind erst durch Erfahrung klug geworden.

Atavio, der Trakehner meiner Tochter Steffi, wurde als junges Pferd auf einmal schwierig im Maul. Der zu Rate gezogene Tierarzt fand einen so genannten Wolfszahn und entfernte ihn. Damit war das Problem eigentlich behoben. Leider blieben die Kaubeschwerden und auch das Experimentieren mit unterschiedlichen Gebissen brachte keine deutliche Besserung. Dazu kam auch noch ein Zungenproblem. Wurde Atavio nicht superkorrekt gearbeitet, zeigte er seine Zunge. Etwas, was man bei Dressurpferden am wenigsten sehen möchte. Erst einige Jahre später stellte ein erfahrener Pferdezahnarzt fest, dass der Wolfszahn nicht komplett entfernt worden war und natürlich dem armen Tier immer wieder Probleme bereitete.
Diese Unaufmerksamkeit in jungen Jahren hat viel Arbeit beim Training bereitet.

Wird das Gras nicht richtig gekaut, hinterlässt das Pferd eine „Röllchenspur".

Auch wenn Pferde oder Ponys schlecht fressen oder abmagern, empfiehlt es sich, einen Pferdezahnarzt zu rufen. Besonders bei alten Pferden müssen immer wieder die Haken entfernt werden. Durch falsche Zahnstellung oder ungünstiges Futter, kann es auch bei jungen Tieren zu Haken und anderen Problemen kommen. Der Zahnwechsel ist ganz häufig mit Kauschwierigkeiten verbunden. Man beobachtet ein auffallend langsames, vorsichtiges Kauen oder die Pferde wollen hungrig fressen und hören nach den ersten Kauversuchen wieder auf. Auch die Maulschleimhaut kann durch Haken verletzt sein und dem Tier beim Fressen Schmerzen bereiten. Bei sehr alten Ponys und Pferden kann man beobachten, dass sie zwar genüsslich fressen, aber das Futter, besonders Gras und Heu, in Röllchen wieder aus dem Maul verlieren. Unsere alte Polly konnte man auf der Weide finden ohne sie zu sehen. Wir brauchten nur der Grasröllchenspur zu folgen.

Alle Zahn- und Maulprobleme können zu starker Abmagerung führen und müssen behandelt werden. Um den jungen Tieren das Zahnen zu erleichtern, kann man naturheilkundlich helfen. Bewährt haben sich Calcium carbonicum D6 und Chamomilla D6 oder bei Vollblütern Calcium phosphoricum D6. Entzündungen im Maulbereich werden wunderbar mit Salbeitee, Honig und Himbeerblättern gelindert (einfach fressen lassen). Auch Traumeelsalbe lässt sich im Maul auftragen. Bereiten Sie Tee oder Sud zu und versüßen Sie ihn mit Honig. Damit kann man Spülungen machen, gegebenenfalls das Maul auswaschen, oder auch die Pferde einfach trinken lassen.

Wunden und Risse, die äußerlich am Maul vorkommen, werden durch Ringelblumensalbe verbessert. Sie darf auch im Maul Verwendung finden. Eva Aschenbrenner empfiehlt ein Rezept, mit dem Sie eine wirksame Salbe selbst herstellen kön-

nen. Je frischer sie verwendet wird, umso effektiver ist dic Wirkung. Man verwendet Blüten, Blätter und Stiele der Ringelblume. Zusätzlich benötigen Sie Schweinefett.
Die Pflanzenteile werden zerkleinert. Sie brauchen für ein Pfund Fett eine Handvoll Pflanzenteile. Das Schweinefett erhitzen und die Heilpflanzenteile dazugeben. Zehn Minuten köcheln lassen und dann drei Tage neben den Herd stellen. Am vierten Tag das Ganze noch einmal erhitzen und anschließend die Masse durch ein Tuch drücken. Die fertige Salbe in kleine Gefäße füllen und abkühlen lassen. Die Töpfe nebst Inhalt kühl aufbewahren oder sogar einfrieren. Für sehr viele Probleme im Maulbereich und rundherum kann diese wunderbare Natursalbe benutzt werden. Für eilige Zeitgenossen: Natürlich bekommen Sie Ringelblumensalbe heute überall im Handel.

Beschäftigt man sich mit den Zähnen des Pferdes, ist es auch immer wieder interessant, das Alter des Tieres am Gebiss festzustellen. Pferdehändler aller Zeiten und Länder haben versucht, potenzielle Kunden zu täuschen und ein Ross ein paar Jahre jünger zu mogeln. In dem schönen Buch von Graf Wrangel fand ich lange Abhandlungen über die Zähne und das Erkennen des Alters. Tatsächlich haben schon Xenophon und Aristoteles sich damit beschäftigt, das Alter des Pferdes an den Zähnen zu bestimmen. Auf jeden Fall ergeben die Kenntnisse über Abnutzung und Stellung der Zähne keine 100 % Sicherheit.
Rasse, Veranlagung, Futter, Stall- oder Weidehaltung können das Bild ziemlich verschieben. Trotzdem ist es spannend, sich die Zähne des eigenen Pferdes einmal genauer anzusehen, das Alter zu schätzen und dann mit den Papieren zu vergleichen. Schauen Sie ihrem Freund ruhig öfter mal ins Maul.

Salbei hat sich im Maulbereich gut bewährt.

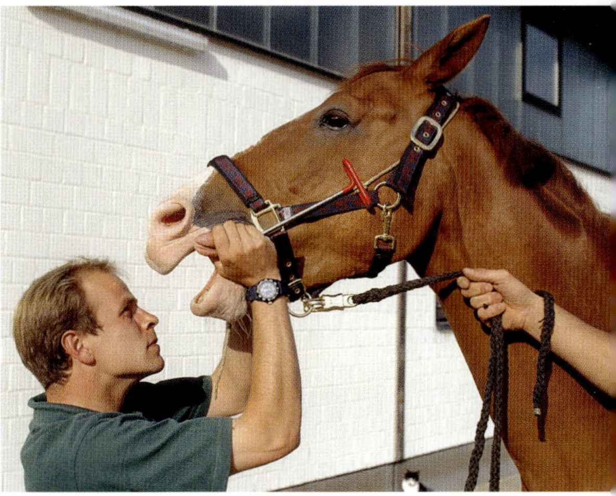

Der Pferdezahnarzt ist der Experte und sollte einmal im Jahr ins Maul schauen.

Allgemeine Beschwerden

Abmagerung

Oft ein Problem bei wenig bewegten Pferden: Sie sind zu dick. Es gibt aber auch Vierbeiner, die trotz ausgewogener Fütterung und guter Pflege zu mager sind. Die genaue Ursache hierfür zu finden, ist nicht immer einfach. Als Allererstes sollten in solchen Fällen jedoch die Zähne von einem guten Tierarzt oder speziellen Pferdezahnarzt kontrolliert werden, um Haken oder andere Probleme im Maul auszuschließen.

Zudem sollte eine Kotprobe untersucht werden, um einen eventuellen Wurmbefall festzustellen. Sind diese Dinge abgeklärt, kann auch der Pferdehalter einiges tun, um Nahrungsverwertung zu verbessern.

In der Herde muss man beobachten, ob die anderen Pferde den mageren Kandidaten ans Futter lassen. Zu dünne Ponys oder Pferde müssen Gelegenheit haben, alleine und in Ruhe ihr Futter zu genießen. Heu sollte für alle zugänglich sein und nicht nur von den dominanten Tieren aufgefressen werden. Eventuell kann man die dicken Fressponys für ein paar Stunden von den übrigen isolieren – das muss ich auch immer schweren Herzens bei meiner dicken Isländerstute Glana durchsetzen. Verwöhnen Sie dünne, ältere Pferde zusätzlich ein bis zweimal pro Woche mit Mash. Ein weiteres Erfolgsmittel sind Bockshornkleesamen. Hier gibt man täglich einen knappen Esslöffel ins Futter. Er sollte gemahlen sein. So wird er besser aufgenommen und schneller verwertet. Lebertran hat eine ähnliche Wirkung und ist auf jeden Fall immer einen Versuch wert. Dem Futter Pflanzenöl beizugeben, wirkt sich zusätzlich günstig bei dünnen Pferden aus. Preiswertes Sonnenblumenöl genügt!

Ältere und zu magere Pferde können wunderbar mit Heucops zugefüttert werden. Die Cops werden vorher in lauwarmem Wasser eingeweicht. Unsere Polly war im hohen Alter sehr mager – dicke Ponys werden natürlich selten 40 Jahre alt. Sie bewohnte eine große Box im Offenstall, die von zwei Seiten begehbar war – allerdings nur von ihr alleine. Ihr spezieller ‚Pollybrei' und Heu konnte so den ganzen Tag stehenbleiben und die Oma durfte fressen, wann sie wollte. Zweimal täglich bereitete ich ihr frisch einen großen Trog mit Mash, eingeweichten Heucops, diversen Teemischungen und Honig. Zur Abwechslung gab es auch mal Reformhafer oder Struktur E von St. Hypolyt. Hatte sie eine sehr schlechte Fressphase, ließ ich mir immer wieder neue Futtervariationen einfallen: Trockenmöhren, diverse Müslisorten, Oldiemineralien, immer gemischt mit hochwertigem Mash als Basis. Zwischendurch gab's auch schon mal geriebene Äpfel und Birnen, Bananen, Joghurt oder ein rohes Ei. Testen Sie einfach aus, was Ihr altes oder mageres Pferd am liebsten mag. Im hohen Alter hatte Polly noch eine Eigenart: Meine Reiterfreunde, die sie alle liebevoll mitversorgten, stellten fest, dass sie aufhörte zu fressen, wenn ich länger als drei Tage verreist war. Kam ich zurück, trottete sie sofort zu ihrem Trog und schlabberte

Bei Abmagerung sollten Sie zuerst kontrollieren, ob das Pferd genug zu fressen bekommt.

Polly bekommt einmal am Tag eine Extraportion mit ihren Lieblingsspeisen.

genüsslich ihren Brei. Das zeigt wieder einmal, dass auch die regelmäßige Zuwendung vertrauter Personen einen großen Einfluss auf die Psyche des Pferdes hat.

Was kann man sonst noch tun? Kurz zusammengefasst: Drei bis fünf Mahlzeiten über den Tag verteilt, Ruhe beim Fressen, Futtermenge immer wieder überprüfen, Raufuttermenge erhöhen oder beliebig zur Verfügung stellen. Lecksteine, besonders bevorzugt werden die Himalayasalzsteine, und Mineralfutter gehören zu einer ausgewogenen Pferdeernährung dazu. Die ständige Verfügbarkeit von frischem Wasser stellt eine Selbstverständlichkeit dar. Ganz wichtig ist es, nicht aufgefressene Futterreste niemals zu lange herumstehen zu lassen. Hier ist es besser, das Futter wegzuwerfen oder an die anderen Leckermäuler im Stall zu verteilen.

Der Tisch ist gedeckt. Für jeden Vierbeiner ein besonderes Leckerli.

Das Alter

Wie auch bei uns Menschen, ist das Alter an sich keine Krankheit. Es stellt sich jedoch bei älteren Pferden die ein oder andere Verschleißerscheinung ein. Die Fütterung erfordert gerade bei älteren Pferden genaue Überlegung. Selbst ehemals leichtfutterige Tiere werden im Alter langsam dünner. Regelmäßige, leichte Bewegung tut den meisten Oldies gut.

Je älter die Pferde werden, desto mehr muss man sich Gedanken machen: Wann geht es meinem vierbeinigen Freund wirklich gut und wie können wir zusammen noch viel Freude miteinander haben? Wenn Sie Ihr Pferd in die wohlverdiente Rente schicken, darf das nur sehr langsam geschehen. Auf keinen Fall sollte man das Pferd von heute auf morgen aus dem Training nehmen und dauerhaft auf die Weide stellen.

Das Reiten sollte ganz langsam weniger und die Weideperioden länger werden. Sehr viele Pferde genießen die Zeit mit ihrem Reiter und leiden, wenn sie dann einfach weggestellt werden. Ist ein Pferd gesund, liebt es die Bewegung unter dem Sattel bis ins hohe Alter. Sie wissen doch: Wer rastet, der rostet. Ein aufmerksamer Pferdemensch merkt deutlich, wenn sein Freund keinen Spaß mehr am Reiten hat oder nach jedem noch so kleinem Ausritt lahmt. Regelmäßige Bewegung ist enorm wichtig, genauso wie bei älteren Menschen.

Ich bin schon immer gern mit meinen Pferden und Ponys spazieren gegangen. Und das können die Tiere jederzeit. Mit

Auch ein Pferd, das nicht mehr reitbar ist, kann uns noch viel Freude machen.

den teilweise dummen Bemerkungen der anderen Spaziergänger kann ich gut leben. Heute hatte ich wieder ein nettes Erlebnis mit meiner Kaitra. Ich holte meine Ponys zum Putzen raus und wollte danach mit ihnen spazieren gehen. Als sie endlich wieder als Pferde erkennbar waren – sie hatten mal wieder eine Wälzorgie im Matsch hinter sich – fing es sehr heftig an zu schneien und mich verließ die Lust auf einen Spaziergang durch den Wald. Ich wollte die beiden rasch in den Stall bringen, aber Kaitra drehte um in Richtung Ausgang. Ich warf ihr schnell noch einmal das Halfter über, sonst hätte sie ihren Spaziergang allein gemacht.

Sicher ist mal ein Gespräch mit dem Tierarzt wichtig, um eventuell das Futter zu verändern. Auch spezielle Mineralien gibt es heute für Oldies. Karotten, Äpfel und Bananen dürfen in der Fütterung älterer Pferde nicht fehlen. Sie sind ein Leckerbissen und bieten besonders in der grasarmen Zeit einen guten Saftfutterausgleich. Sind die Zähne so schlecht geworden, dass das Kauen von Karotten nicht mehr möglich ist, empfehlen sich getrocknete Karotten, die man einweichen kann, ebenso gibt es Rote-Bete-Schnitzel. Bananen und weiche Birnen konnte unsere Polly noch mit 40 Jahren selbstständig matschen. Haben Sie Ihr

Pony schon einmal im Garten gehabt? Sie werden erstaunt sein, was die Schleckermäuler alles zu schätzen wissen. Himbeeren, Brombeeren, Petersilie und Pflaumen werden liebend gern stibitzt. Bei Pflaumen ist Vorsicht geboten: Die Kerne sollten nicht mitverzehrt werden, denn sie enthalten Blausäure und können in großen Mengen sogar tödlich sein. Unsere Pferde hatten eigenständig eine Technik entwickelt, jeden Kern auszuspucken. Aber darauf sollte man sich nicht verlassen.

Ich habe immer wieder festgestellt, dass zum normalen Futter ein gutes Mash den Tieren besonders gut bekommt. Meine alten Ponys lieben ihr tägliches Mash mit Kräutertee. Der Tee wird immer mal wieder gewechselt. Wir wissen ja auch von uns selbst, dass immer der gleiche Tee langweilig wird und dann auch irgendwann nicht mehr die gewünschte Wirkung zeigt. Im Fellwechsel gebe ich spezielle Kräuter für's Fell und das Immunsystem, im Sommer zusätzlich Knoblauch und Obstessig gegen die Fliegen. Im Winter können Sie dann tief in die Hustenkräuterkiste greifen. Ansonsten fällt dem aufmerksamen Pferdebesitzer sicher auf, wo der Altersschuh drückt.

Es gibt viele unterschiedliche Wehwehchen, die ein älteres Pferd oder Pony ärgern können. Manche haben Arthrose oder Arthritis. Je nach Witterung kann es mal einen Tag besser gehen und am

Polly bei ihrer Sondermahlzeit mit vielen frischen Kräutern und ohne ihre Weidegenossen.

Im Frühling erfreut uns der wunderschön blühende Weißdorn, ein Jungbrunnen für jedes Herz.

nächsten Tag ist die Mobilität wieder stärker eingeschränkt. Wie schon beschrieben, empfiehlt sich wirklich als längerfristige Unterstützung bei solchen Beschwerden Steirocal oder auch Rhus tox und Ruta.

Wenn das Herz nicht mehr so will, ist Crataegus (Weißdorn) jederzeit hilfreich, ob als Tee oder als Tropfen. In einem größeren Stall mit vielen Pferden, ist die Gefahr von Infektions- oder auch Pilzkrankheiten größer als in kleinen Stallgemeinschaften. Fängt einer an, geht der Infekt schnell durch alle Boxen. Ältere Pferde sind hier noch anfälliger und es lohnt sich, vorbeugend das Immunsystem zu stärken. Bewährte Kräuter sind Sonnenhut, Ringelblume, Himbeere, Hagebutte und grüner Tee.

Es ist wunderschön, wenn man das Glück hat, ein Pferd über viele Jahre bei sich zu haben. Früher wurden Pferde häufig als Nutztiere behandelt. Wenn sie nicht mehr arbeiten konnten, wurden sie geschlachtet. Heute haben wir oft die Möglichkeit, unseren treuen Freunden einen würdigen Lebensabend zu gönnen. Natürlich ist es wunderbar, sein altes Pferd in seiner Nähe zu haben und selbst zu pflegen. Aber wenn dies nicht möglich ist, gibt es etliche Ställe, wo Oldies artgerecht gehalten und gut gepflegt werden. Ich wünsche Ihnen, dass Ihr vierbeiniger Freund Sie viele Jahre bis ins hohe Alter gesund und munter begleitet.

Leistungsschwäche

Sicher ein Begriff, der nicht mit ein paar Worten zu erklären ist und viele Ursachen haben kann. Selbst bei Pferden spricht man heute vom Burn-Out-Syndrom. Lustlosigkeit beim Reiten merkt ein erfahrener Pferdemensch eigentlich sehr schnell. Ob auf dem Turnierplatz, in der Halle oder im Gelände, bekommt man das Gefühl, mein Freund hat keine Lust oder keine Kraft.

Zuerst überprüft der Reiter natürlich, ob das Pferd krank ist. Ein Infekt mit oder ohne Fieber schwächt jeden Organismus. Kommt noch Fressunlust dazu, wird es sicher Zeit für den Tierarzt. Es gibt Perioden, in denen Pferde und Ponys besonders anfällig für alle möglichen Schwächen und Krankheiten sind.

Da ist zuerst zweimal der Fellwechsel im Jahr. Im Frühling ist er nicht zu übersehen. Besonders bei robust gehaltenen Pferden. Die meisten Pferdehalter nehmen Rücksicht und füttern Kräuter, besondere Mineralien und Vitamine zu und schrauben auch beim Reiten einen Gang zurück. Besondere Unterstützung im Fellwechsel bringen Leinsamen, Hagebutte, Brennnessel, Löwenzahn, Klebkraut und zwei bis dreimal in der Woche ein leckeres Mash. Im Herbst ist der Fellwechsel nicht so offensichtlich. Daher wird die Belastung für die Tiere manches Mal unterschätzt. Besonders schöne, warme Herbsttage, verlocken zu längeren Ausritten und die Pferde sind hinterher total nass und erschöpft. Das Winterfell ist schon dicht und lang, daher belasten hohe Temperaturen verbunden mit Bewegung enorm. Abends kühlt es stark ab. Wenn die Pferde dann

Leistungsorientierte Pferde brauchen Abwechslung vom Training, zum Beispiel einen lockeren Ausritt.

noch nicht trocken sind, kann es schnell zu Erkältungen mit Husten und anderen Symptomen kommen. Auch ein ruhiger Ausritt im Schritt ist Entspannung und bietet Pferd und Reiter totale Erholung.

Wurmkuren und Impfungen sind selbstverständlich notwendig, bringen aber dem Organismus des Pferdes Stress. Die Tiere sollten ein paar Tage im Schongang bewegt werden und möglichst nicht zu stark schwitzen. Selbstverständlich fängt der verantwortungsvolle Reiter nach jeder Ruhepause, sei es durch Krankheit oder auch Zeitmangel, langsam mit dem täglichen Training an. Wer keine Geduld hat, sollte sich sowieso überlegen, ob Reiten der richtige Sport für ihn ist. Wir springen nach einer Grippe auch nicht aus dem Bett und laufen einen Marathon. Wenn alle diese Umstände keine Rolle spielen und dem Pferd trotzdem die rechte Motivation fehlt, beobachtet man am besten mal sein eigenes Training. Immer die gleichen Lektionen in immer der gleichen Halle sind für ein intelligentes Tier wie das Pferd langweilig. Es zeigt Unlusterscheinungen, schlurft durch die Bahn oder widersetzt sich. Ein kluger Reiter oder Trainer bietet dem Tier Abwechslung, damit es Spaß an der Arbeit behält. Pferde, besonders junge Pferde, können sich nicht sehr lange am Stück konzentrieren. Sie brauchen immer wieder Pausen, Entspannung und Anregung im Wechsel. Bodenarbeit, Gelände und Spaziergänge an der Hand, sind eine wunderbare Möglichkeit, wieder neuen Schwung in die Arbeit zu bekommen und ein gutes Vertrauensverhältnis zu seinem Sportkameraden aufzubauen

Bodenarbeit ist wichtig und fördert das gute Zusammenspiel von Pferd und Reiter.

und zu vertiefen. Machen Sie sich Gedanken, entwerfen Sie einen Trainingsplan und spielen Sie zwischendurch mal mit Ihrem Pferd. Wenn trotz aller Abwechslung und Maßnahmen Ihr Vierbeiner nicht richtig motiviert werden kann und offensichtlich schlapp ist, muss der Tierarzt ein Blutbild machen. Viele Störungen und Mangelerscheinungen können am Blut erkannt und dann entsprechend behandelt werden.

Bei jedem Leistungsabfall ist natürlich eine genaue Überprüfung des Futters einer der ersten Schritte. Auf keinen Fall ständig das Futter wechseln. Aber wenn man unzufrieden ist mit der Leistung, dem Zustand des Haarkleides, der Verdauung oder anderen Dingen, muss man überlegen, ob der Futterplan noch in Ordnung ist. Jeder Futter-

Loben, loben, loben. Pferde wollen motiviert werden.

Ein frischer Galopp übers Stoppelfeld lässt jeden Frust verschwinden.

mittelhersteller hat eine genaue Analyse auf seinem Produkt stehen. Wir müssen überprüfen, ob die Zusammensetzung für unser Pferd oder Pony ausreichend ist.

Die Menge des Futters kann täglich nach Anforderung variieren. Zwar sollte es heute keine ‚Stehtage' mehr geben, aber die Dauer des Trainings oder Ausrittes bestimmt auf jeden Fall die Kraftfuttermenge. Hat das Pferd zum Beispiel sehr stark geschwitzt, empfiehlt es sich entsprechend Elektrolyte hinzuzufügen. Leichte Fälle können mit Traubenzucker ausgeglichen werden.

Bei Hochleistung muss der Pferdekörper mit Vitamin B und zusätzlichen Mineralien versorgt sein. Bei zu starken Anforderungen, ob in der Reitbahn oder im Gelände, kann es auch beim Pferd zu Muskelkater kommen. Vitamin E, Selen und Lysin, sind hier besonders wichtig.
Für meine Ponys und mich selbst habe ich ein ausgezeichnetes homöopathisches Mittel. Vor einem längeren Ritt nehmen die Ponys und ich Arnika D3 oder Traumeel. Das lässt erst gar keinen Muskelkater entstehen. Während und auch nach dem Ritt noch einige Male einnehmen und Pferd und Reiter sind fit.

Als meine Ponys aus dem flachen Rheinland in das bergische Sauerland umzogen, mussten sie sich erst einmal an die steilen Wege gewöhnen und zeigten auch mal Muskelkater. Aber mit meinen bewährten Hausmitteln hatten wir das neue Zuhause schnell im Griff. Lange Schrittperioden sind ein super Mittel, um Kraft und Kondition zu steigern und die Muskulatur zu stärken. Ganz steile Wege liebt meine Isistute Glana immer noch nicht. Reite ich in eine Richtung, wo es irgendwann sehr bergauf geht, gibt sie schon lange vorher Unmutszeichen von sich. Sie wird deutlich langsamer und zeigt mir manchmal durch ein aufrichtiges Stöhnen, dass ihr das eigentlich zu steil wird. Lange, flache Wiesenwege sind ihr eindeutig lieber. Vor zwei Jahren haben wir einen fünftägigen Wanderritt auf dem Rothaarsteig gemacht.
Es ging über den ‚Kahlen Asten' (900 Meter hoch), auf dem es wirklich manchmal an unsere Grenzen ging.
Zurück zur Leistungsschwäche. In letzter Zeit hat sich zur Leistungsbereitschaft, Immunsteigerung, Entgiftung des Körpers und Regeneration eine kleine Alge einen großen Namen gemacht. Die Süßwasseralge Chlorella. Seit Jahren bei Menschen bewährt, hat sie jetzt auch Einzug in die Nahrungsergänzung beim Tier erhalten. Ich selber nehme schon lange Zeit Chlorella und kann ihre ausgezeichnete Wirkung nur bestätigen. Die Alge hat einen hohen Gehalt an Mineralien, Vitaminen und ungesättigten Fettsäuren. Sie ist in der Lage, im Darm Giftstoffe zu sammeln und auszuscheiden. Dadurch wird der Körper entlastet und leistungsfähiger. Die Wirkstoffe in der Chlorella stabilisieren deutlich das Immunsystem, steigern die Leistungsfähigkeit, vermindern die Allergiebereitschaft und wirken Stress entgegen. Einen Versuch, sie in den Fütterungsplan einzubauen, ist es immer wert.

Die Seele baumelt und Pferd und Reiter kommen sich wieder näher.

Nervosität

Kennen Sie den vierbeinigen Kandidaten, der nur zappelt, nie stillstehen kann und auch in der Box ständig hin- und herläuft? Und dann erst beim Reiten: Satteln mag er nicht, aufsitzen noch weniger und sitzt man endlich oben, kann von entspanntem ‚Seele baumeln lassen' nicht die Rede sein. Pferde und Ponys, die ständig nervös sind, brauchen besonderes Verständnis und einen relaxten Reiter und Pfleger.

Natürlich neigen besonders solche Pferde, die hoch im Blut stehen, zu nervösen Reaktionen, aber man trifft sie auch bei allen anderen Rassen. Wie schon so oft besprochen, spielt die Haltung eine ganz entscheidende Rolle. Genügend Bewegung, überlegte Fütterung, Kontaktmöglichkeiten zur Außenwelt und Artgenossen haben schon so manches Nervenbündel wieder beruhigt. Wichtig ist eine genaue Beobachtung des Pferdes. Was macht es nervös und in welchen Situationen dreht es durch? Je hektischer das Pferd, desto ruhiger muss der Reiter sein. Als Pferdebesitzer sollte man ernsthaft und selbstkritisch Überlegen: Bin ICH es, der mein Pferd nervös macht? Ein Pferd sollte sich während der Arbeit auf seinen Reiter konzentrieren. Um das zu erreichen, gibt es viele bewährte Methoden. Zieht man seinen Sportsfreund nur für eine Stunde zum Reiten aus der Box, kann kein Vertrauensverhältnis entstehen. Durch geduldiges Beobachten und Beschäftigen mit dem Tier, kann ich seine Nervosität ergründen. Ob nach der TTEAM-Methode von Linda Tellington Jones, Monty Roberts, GAWANI Pony Boy oder anderen Pferdeflüsterern, ist eigentlich egal. Allen ist die wirkliche Hinwendung zum Pferd, Zeit, Bodenarbeit und

Ruhiges Führen an der Hand und lange Spaziergänge sind Balsam für die Nerven.

Spaziergänge gemeinsam. Probieren Sie selber aus, worauf gerade Ihr Pferd positiv reagiert und was es beruhigen kann. Hat es Angst, oder ist es frech und dominant? Beides ist möglich und erfordert unterschiedliche Maßnahmen. Besonders, wenn man kein starker und erfahrener Reiter ist, sollte man vom Boden aus die Basis für eine friedliche Zusammenarbeit legen.

Selbstverständlich gibt es auch Hilfe in unserer Naturapotheke. Bei nervösen Pferden haben sich besonders Bach-Blüten bewährt. Notfalltropfen habe ich immer in der Tasche. Sie können in brenzligen Situationen eine schnelle und effektive Hilfe sein und einen Einstieg für weitere Blütenbehandlungen geben.

Aber auch die klassische homöopathische Lehre hat hier einiges zu bieten: Zum Beispiel Belladonna und Ignatia, ebenso Avena sativa. Wenn Sie einen guten Heilpraktiker haben, wird er Ihnen mit Ihrem

Beruhigende Kräuter für Nervenbündel

- Baldrian (Vorsicht: Gelistet auf der Dopingliste)
- Ginseng
- Hopfen
- Johanniskraut
- Lavendel
- Kamille
- Honig

Bodenarbeit mit viel Abwechslung sorgt für die nötige Ruhe und Konzentration.

Ein Griff in die Kräuterkiste und viel Weidegang sind die beste Hilfe für Nervenbündel.

nervösen Pferd sicherlich helfen können. Beruhigende Kräuter können uns die tägliche Arbeit mit dem Nervenbündel erleichtern.

Auch Bananen sind ein leckeres Mittel, um Pferd und Reiter mit Magnesium zu versorgen und zu beruhigen. Ein Reiterfreund von mir hat den Versuch bei seinen Arabern gemacht und eine deutlich bessere Gelassenheit im Gelände festgestellt. Die meisten Pferde lieben Bananen. Sie sind süß und der Geschmack mancher Medizin kann damit vertuscht werden. Probieren Sie es aus.

Als letzte Maßnahme sollte man bei einer Blutuntersuchung die Schilddrüsenwerte des Pferdes bestimmen lassen. Sind diese nicht in Ordnung, kann eine starke Nervosität ihren Ursprung auch hier haben.

Johanniskraut beruhigt die Nerven.

Service

Nützliche Adressen

Biochemischer Bund Deutschlands e.V.
In der Kuhtrift 18
D-41541 Dormagen
www.biochemie-net.de

Chiropraktisch arbeitende Tierärzte IVCA
International Veterinary Chiropractic Association
Dorfstr. 17
D-27419 Lengenbostel/Freetz
www.ivca.de

Deutsche Homöopathie-Union (DHU)
Ottostr. 24
D-76227 Karlsruhe
www.dhu.de

Deutsche Reiterliche Vereinigung (FN)
Freiherr-von-Langen-Str. 13
D – 48231 Warendorf
www.fn-dokr.de

Deutsches Institut für Pferdeosteopathie (DIPO)
Osteopathiezentrum für Mensch und Pferd
Hof Thier zum Berge
D-48249 Dülmen
www.osteopathiezentrum.de

FS Test Zentrum Reken
Frankenstr. 37
D-48734 Reken
www.fs-reitzentrum.de

Gesellschaft für ganzheitliche Tiermedizin e.V. (GGTM)
Gartenstr. 7
D-79189 Bad Krotzingen
www.ggtm.de

Institut für Bach-Blütentherapie
Eppendorfer Landstr. 32
D-20249 Hamburg
www.bach-bluetentherapie.de

Kooperation deutscher Tierheilpraktiker-Verbände e.V.
Auestr. 99
D-27432 Bremervörde
www.kooperation-thp.de

TTEAM Deutschland
Bibi Degn
Hassel 4
D – 57589 Pracht
www.tteam.de

TTeam Österreich
Martin Lasser
Spitalgasse 7
A-2540 Vöslau / Gainfarn
www.tteamoffice.at

TTeam Schweiz
TTeam®- Gilde für die Schweiz
c/o Christine Wittwer
Kornberg
CH – 3504 Oberhünigen
www.tteam-ttouch.ch

Quellen / Zum Weiterlesen

Aschenbrenner, Eva: **Mit Eva Aschenbrenner durchs Wildkräuterjahr**; KOSMOS 2005
Begleiten Sie die Bestsellerautorin durchs Wildkräuterjahr und erfahren Sie, welche Pflanzen uns die Natur für Gesundheit und Wohlbefinden schenkt.

Aschenbrenner, Eva: **Die Kräuterapotheke Gottes**; Sammeln und anwenden, KOSMOS 2004
Vertrauen Sie Ihrem Körper und der Schöpfung. Dieses Buch soll Sie auf Ihrem Lebensweg begleiten und Ihnen helfen, gesund zu bleiben.

Aschenbrenner, Eva: **Die Kräuterapotheke Gottes**; Band 2, 40 weitere Heilpflanzen, KOSMOS 2006
Nicht jede Pflanze hilft jedem. Hören Sie in Ihren Körper hinein. Hier finden Sie neue Rezepte und Heilpflanzen aus der Natur.

Bartz, Dr. med. vet. Jürgen: **Bis der Tierarzt kommt**; Erste Hilfe für Pferde, KOSMOS 2008
Dieser Erste-Hilfe-Ratgeber gibt Antworten auf alle dringlichen Fragen. Klar strukturierte Krankheitsporträts ermöglichen auch im Notfall schnellen Zugriff.

Bartz, Dr. med. vet. Jürgen: **Husten und Allergien bei Pferden**; Ursachen und Symptome, Vorbeugung und Therapie, Mit Praxistipps zur Fütterung und Haltung, KOSMOS 2004
Maßnahmen zu Vorbeugung und Heilung, Strategien zur Erkennung und Vermeidung von Allergien.

Bartz, Dr. Jürgen: **Kräuterapotheke für Pferde**, KOSMOS 1996, 2006
Heilkräuter stärken die Gesundheit, beleben das Immunsystem und stimulieren die Selbstheilungskräfte des Körpers bei Erkrankungen. Ob Husten, Stress, Ekzem oder Verdauungsstörung – für jedes Problem stellt Tierarzt Jürgen Bartz das richtige Heilkraut vor.

Bender, Ingolf und Ritter, Tina Maria: **Praxishandbuch Pferdegesundheit**; Das gesunde Pferd, Schulmedizin/Biologische Medizin, Zivilisations-/Umweltkrankheiten, Tierarzt/Tierheilpraktiker, KOSMOS 2008
Leider leiden viele Pferde heute unter Zivilisationskrankheiten. Dieses Buch hilft, sie zu erkennen, die Ursachen zu beseitigen und zur richtigen schulmedizinischen oder alternativen Therapie zu finden.

Bührer-Lucke, Gisa: **Schüßler-Salze für Pferde**; Die Wirkung der Heilsalze, Anwendung und Therapie, KOSMOS 2007
Die 12 Schüßler-Salze sind eine Weiterentwicklung der Homöopathie, jedoch viel einfacher anzuwenden als diese. Wie Sie sanft, aber wirkungsvoll die Gesundheit Ihres Pferdes verbessern können und welches Salz Sie für welchen Zweck brauchen, erfahren Sie in diesem Ratgeber.

Coates, Margrit: **Heilende Energie für Pferde**; Jeder kann heilen lernen, KOSMOS 2009
„Healing for Horses“ nennt sich die Behandlungsmethode durch Handauflegen der englischen Heilerin Margrit Coates. In diesem Ratgeber erklärt sie ihr System der Energieheilung und zeigt, wie man seine eigenen Heilkräfte zum Wohl des Pferdes einsetzen kann.

Gösmeier, Dr. med. vet. Ina: **Akupressur für Pferde**; löst Verspannungen, stärkt die Lebensenergie, KOSMOS 1999, 2005
Akupressur, die sanfte Stimulierung bestimmter Punkte mit den Fingern oder Handflächen, wirkt nach den selben Kriterien wie die Akupunktur. Diese Griffe können auch von Laien erlernt werden und helfen, Probleme wie Ängstlichkeit oder Muskelverspannungen eines Pferdes zu behandeln und lindern.

Kasper, Armin: Hufkurs; **Das Praxishandbuch für Reiter, Hufpfleger und Hufschmiede**, KOSMOS 1994, 1999, 2008
Von der richtigen Hufpflege über den Hufbeschlag bis hin zu den neuesten Entwicklungen beim alternativen Hufschutz informiert dieses Buch Reiter, Hufpfleger und Hufschmiede über die empfindlichste Stelle des Pferdes.

Mahlstedt, Dieter: **Akupunkt- Massage nach Penzel am Pferd**; Fitness und Wohlbefinden durch chinesische Heilkunst, KOSMOS 1997, 2008
Jedem Reiter und Pferdebesitzer steht mit diesem Buch ein einzigartiges Mittel zur Verfügung, Wohlbefinden und Leistungsfähigkeit seines Pferdes auf sanfte, schmerzfreie Art zu verbessern.

McEwen, John: **Das Kosmos Buch Pferdekrankheiten**, KOSMOS 2006
Dieser Ratgeber ist auf dem neuesten Stand der Pferdemedizin und gibt kompetente Antwort auf alle Fragen der Pferdegesundheit. Zahlreiche Infokästen ermöglichen einen schnellen Überblick zu Diagnose, Behandlungsmethoden und möglicherweise anfallenden Tierarztkosten.

Meyerdirks-Wüthrich, Ute: **Bach-Blüten für Pferde**, KOSMOS 1998, 2004, 2008
Die besondere Wirkungsweise der Bach-Blüten beruht auf ihrem Einfluss auf den Gemütszustand und die Persönlichkeit von Mensch und Tier. Wie Sie Ihr Pferd auch ohne wissenschaftliche Vorkentnisse wirkungsvoll unterstützen können, zeigt dieser Ratgeber.

Ochsenbauer, Ute: **Schwierige Pferde verstehen und fördern**; Probleme als Chance sehen und lösen, KOSMOS 2008
Selbst erfahrene Pferdemenschen stehen sogenannten Problempferden oft ratlos gegenüber. Das muss nicht sein. Die Autorin geht den Ursachen der Probleme auf den Grund, erklärt, was unerwünschtes Verhalten zu bedeuten hat und zeigt anhand praktischer Übungen, wie schwierige Pferde zu freundlichen Gefährten werden.

Rakow, Dr. Michael: **Die homöopathische Stallapotheke**; Wirkung und Anwendung, Therapie der häufigsten Krankheiten von A–Z, kosmos 1999, 2002
Dieses Buch informiert über die vielfältigen Möglichkeiten und Anwendungsbereiche der Homöopathie bei der Behandlung von Pferden. Die Übersicht der Pferdekrankheiten von A-Z ermöglicht es, schnell das passende Mittel zu den jeweiligen Symptomen zu finden.

Schöning, Dr. Barbara: **Pferdeverhalten**; Verhaltensentwicklung, Probleme vermeiden, neue Erkenntnisse, KOSMOS 2008
Diese moderne Verhaltenslehre ist auf dem neuesten Stand der Forschung. Sie erklärt wissenschaftlich fundiert und für jedermann verständlich, wie und warum Pferde ein bestimmtes Verhalten zeigen und welche Konsequenzen dies für einen artgerechten Umgang hat. Neben dem Normalverhalten werden auch problematische Verhaltensweisen aufgegriffen und pferdefreundliche Trainingsansätze vorgestellt.

Tellington Jones, Linda und Lieberman, Bobbie: **Tellington-Training für Pferde**; Das große Lehr- und Praxisbuch, KOSMOS 2007
Die weltweit bekannte Autorin Linda Tellington-Jones zeigt in ihrem umfassenden Werk mit Hilfe der bekannten TTouches und der TTEAM-Arbeit den Weg zu neuer Partnerschaft, sanftem Umgang und gelungener Kommunikation.

Thiel, Ulrike Dr.: **Die Psyche des Pferdes**, KOSMOS 2007
Wissenschaftlich fundiert und nach neuesten psychologischen Erkenntnissen führt Dr. Ulrike Thiel ihre Leser in die Pferdepsyche ein. Sie gibt Antworten auf typische Fragen, die sich im Umgang mit Pferden ergeben: Leiden Pferde darunter, wenn wir sie reiten? Gehen Pferde gern aufs Turnier? Warum scheuen Pferde zweimal?
Lernen Sie, die Welt mit den Augen des Pferdes zu sehen!

Wittek, Cornelia: **Von Apfelessig bis Teebaumöl**; Hausmittel und Naturheilkräfte für Pferde, KOSMOS 1999, 2005
Auch bei Pferden lassen sich die sanften Helfer aus der Natur erfolgreich anwenden. Dieses Buch erklärt die Wirkung, Anwendung und Dosierung von rund 70 Haus- und Naturheilmitteln. Teerezepte, Gesundheitspläne für jede Jahreszeit und Tipps vom Hausarzt geben Ihnen zusätzlich nützliche Anregungen.

Wrangel, Carl Gustav: **Das Buch vom Pferde**; Ein Handbuch für jeden Besitzer und Liebhaber von Pferden, 2 Bände, 6. Auflage, OLMS 1994
Freiherr von Wrangel war einer der bedeutendsten hippologischen Schriftsteller und besonderer Kenner der osteuropäischen Pferdezuchten zu Beginn des 20. Jahrhunderts. In 2 Bänden hat er am Ende des 19. Jahrhunderts dieses Standardwerk geschaffen, dessen Erkenntnisse aus der Pferdepraxis auch heute noch Gültigkeit haben.

Register

Für die Unterstützung bei der Entstehung diese Buches möchte ich mich bedanken bei allen, die mit Tipps und Ideen geholfen haben. Besonders bei meiner Lektorin Alexandra Haungs, meiner Tochter Stefanie Wittek und meiner Reitfreundin und Heilpraktikerin Claudia Taube.

Bildnachweis

Mit Farbfotos von Jean Christen / Kosmos (1: S. 24), Felix von Döring / Kosmos (4 : S. 54 o., 57 u., 79, 81 u.), Ramona Dünisch / Kosmos (1: S. 8), Gartenschatz Stuttgart (7: S. 50, 54 u., 69 o., u., 81 o., 98 o., 99 u.), Klaus Jürgen Guni / Kosmos (4: S. 3, 16, 18, 38), Horses in Media / Klaus Jürgen Guni (1: S. 58), Lothar Lenz (1: S. 31), Masterhorse (1: S. 21 o.), Dagmar Picard (5: S. 10, 11, 86 o., 89, 108), Peter Prohn (1: S. 61), Reinhard – Tierfoto (8: S. 26 u., 18 o. li., 51, 55 o., 60, 66 li., 77 u., 90), Ralf Roppelt / Kosmos (4: S. 21 u., 32 u., 48 o. re., 66 re.), Christof Salata / Kosmos (5: S. 40, 46 u., 55 u., 57 o., 68), Horst Streitferdt / Kosmos (57: S. 6, 7, 12, 13 o., u., 14, 15 o., u., 22, 23 o., 25, 26 o., 27, 28, 30, 32, 33, 34 o., u., 35, 36, 39 o., u., 41, 43, 44, 45, 46 o., 47, 48 u., 49, 52 o.li., re., 53, 56, 59, 62, 65, 70, 73, 74, 76, 78, 80, 82, 86 u., 87, 88, 91, 92, 93 o., u., 94, 95, 96, 97, 98, 99, Sabine Stuewer, www.stuewer-tierfoto.de (11: S. 19, 20, 23 u., 42, 64, 67, 71, 72, 77, 84, 85), Cornelia Wittek (7: S. 9 o., u., 13 o., 61, 70, 80, 107).

Impressum

Umschlaggestaltung von eStudio Calamar unter Verwendung eines Farbfotos von Lothar Lenz (Umschlagvorderseite) und eines Farbfotos von Horst Streitferdt / Kosmos (Umschlagrückseite)

Mit 120 Farbfotos

Gedruckt auf chlorfrei gebleichtem Papier

ISBN 978-3-440-10893-2
Redaktion: Alexandra Haungs
Produktion: Claudia Kupferer
Printed in The Czech Republic / Imprimé en République Tchèque